应用型本科机械类专业“十二五”规划教材

计算机辅助工艺过程设计(CAPP)

主　编　焦爱胜
副主编　刘立美　刘振昌
参　编　谢娟文　易湘斌　沈建成　马淑霞
主　审　严慧萍

西安电子科技大学出版社

内容简介

本书阐述了CAPP的基本概念、支撑环境、原理、发展现状和发展趋势，CAPP的基础技术(成组技术、零件信息的描述与输入、工艺决策)，工艺标准化，工艺数据库(基于数据库的参数式CAPP系统、数据库的管理及应用)和CAPP的类型(交互型、派生型、创成型、智能型)等内容，最后一章给出的CAPP实例是作者的科研项目和指导毕业生的设计内容。

本书可作为大学本专科机械设计、机械制造和机电一体化等专业的教材，也可供CAPP开发和应用维护人员、机械加工工艺设计人员和车间工艺施工人员参考。

图书在版编目(CIP)数据

计算机辅助工艺过程设计(CAPP)/焦爱胜主编. 一西安：西安电子科技大学出版社，2016.1
应用型本科机械类专业“十二五”规划教材
ISBN 978-7-5606-3078-6

Ⅰ. ①计… Ⅱ. ①焦… Ⅲ. ①机械制造工艺—计算机辅助设计—高等学校—教材
Ⅳ. ①TH162

中国版本图书馆CIP数据核字(2016)第003397号

策划编辑　马晓娟
责任编辑　阎　彬　马　静
出版发行　西安电子科技大学出版社(西安市太白南路2号)
电　　话　(029)88242885　88201467　　邮　　编　710071
网　　址　www.xduph.com　　电子邮箱　xdupfxb001@163.com
经　　销　新华书店
印刷单位　陕西天意印务有限责任公司
版　　次　2016年1月第1版　2016年1月第1次印刷
开　　本　787毫米×1092毫米　1/16　印张　9
字　　数　207千字
印　　数　1～3000册
定　　价　16.00元
ISBN 978-7-5606-3078-6/TH
XDUP　3370001-1

前　言

在产品的设计制造过程中，工艺设计工作贯穿其中，它是企业生产活动中非常关键的一个环节。工艺设计工作受到多种因素的制约，其中任何一个因素发生变化，都可能导致工艺实际方案的变化。长期以来，工艺过程设计都是依靠工艺设计人员的个人积累经验去完成的，不仅手工劳动量大，而且设计质量也随设计人员的经验高低不等，很难实现设计结果的标准化。

出于上述考虑，计算机辅助工艺过程设计(Computer Aided Process Planning，CAPP)技术的应用显得尤为必要，它是利用计算机快速处理信息功能及具有各种决策功能的软件，来自动生成各种工艺文件的过程。它从根本上改变了依赖于个人经验、人工编制工艺规程的落后状况，促进了工艺过程的标准化和最优化，提高了工艺设计的质量。利用它可以迅速编制出完整而详尽的工艺文件，缩短工艺准备以及生产准备的周期，适应产品不断更新换代的需要。

本书是参考国内外同类教材，根据作者多年教学经验及专业知识积累，并总结近年来的教学改革经验编写而成的。本书是面向广大机械设计、机械制造及机电一体化等相关专业读者推出的专业基础类教材，内容实用，图文并茂，理论与实践结合紧密，旨在使读者能够更好地理解及掌握CAPP相关的内容。

本书共分六章。

第1章为CAPP概述，主要对计算机辅助工艺过程设计的基本概念、支撑环境、开发模式等做了详尽的描述，使读者对此技术所依赖的背景及意义有基本的了解；第3章通过对工艺标准化的目标、内容、方法及发展应用几个方面的讲解，使读者能很好地掌握工艺设计标准化及其规范的相关知识；第5章详尽讲解了目前CAPP的四大类型——交互型、派生型、创成型和智能型，使读者掌握CAPP每种类型的基本概念、工作原理、基本结构组成、设计流程及运行情况。

第2章和第4章是本书重点内容。在第2章里，通过对CAPP成组技术、零件信息的描述及输入工艺设计等方面知识的深入讲解，使读者能够系统地理解及掌握CAPP技术的基础知识，为后面工艺数据库的学习打下良好的基础；在第4章里，通过对基于数据库的参数式CAPP系统研究和数据库的管理及应用的详尽及深入讲解，使读者能够很好地掌握此技术的核心和精髓。在此基础上，通过第6章对交互型CAPP系统应用实例的详细讲解，使读者对此技术的基本情况、系统结构、具体实现方法和具体操作过程等四个方面有更直观及全面的掌握。

限于作者水平，书中难免存在不妥之处，恳请全国同行及广大读者批评指正。

作者 焦爱胜

2015 年 10 月

目　　录

第1章 CAPP概述

1.1 基本概念

1.1.1 CAPP系统软件背景

工艺设计是机械制造过程准备工作中的一项重要内容，是产品设计与车间生产的纽带，它所生成的工艺文档是指导生产过程的重要文件及制定生产计划与调度的依据。工艺设计对组织生产、保证产品质量、提高劳动生产率、降低成本、缩短生产周期及改善劳动条件等都有直接的影响，因此是生产中的关键工作。工艺设计必须分析和处理大量信息，既要考虑产品设计图上有关结构形状、尺寸公差、材料、热处理以及批量等方面的信息，又要了解加工制造中有关加工方法、加工设备、生产条件、工时定额，甚至传统习惯等方面的信息。工艺设计包括查阅资料和手册，确定零件的加工方法，安排加工路线，选择设备、工装(必要时还要设计工装)、切削参数，计算工序尺寸，绘制工序图，填写工艺卡片和表格文件等工作。工艺设计随企业资源及工艺习惯不同有很大差别，在同一资源及约束条件下，不同的工艺设计人员可能设计不同的工艺规程，这是一个经验性很强且影响因素很多的决策过程。制造业正在进入信息化及知识经济时代，当前机电产品的生产以多品种小批量生产为主导，传统的制造模式远不能满足快速发展的市场需要。利用以信息技术为主的多科学综合先进技术改造、提升我国传统的制造业势在必行，其生产模式也必然产生一系列的变化，作为产品生命周期中一个很重要进程的工艺设计环节，也必须随之产生相适应的变化和发展。传统的工艺设计方法已远不能适应当前机械制造行业发展的需要，具体表现为：

(1) 传统的工艺设计由人工编制，劳动强度大，效率低，主观灵活性大。

(2) 手工设计工艺规程效率低下，存在大量重复劳动。

(3) 设计质量在很大程度上依赖于工艺设计人员的水平。

(4) 人工工艺设计很难做到最优化、标准化。

CAPP(Computer Aided Process Planning)是利用计算机快速处理信息的能力及具有各种决策功能的软件，自动生成各种工艺文件的过程。它的构成如图1-1所示。

用CAPP系统代替传统的工艺设计方法具有重要的意义，主要表现在：

(1) 可以将工艺人员从繁琐和重复性的劳动中解放出来，转而从事新工艺的开发工作。

(2) 可以大大缩短工艺设计周期，提高产品对市场的响应能力。

(3) 有助于对工艺设计人员的宝贵经验进行总结和继承。

(4) 有利于工艺设计的最优化和标准化。

(5) 为实现CIMS等先进的生产模式创造条件。

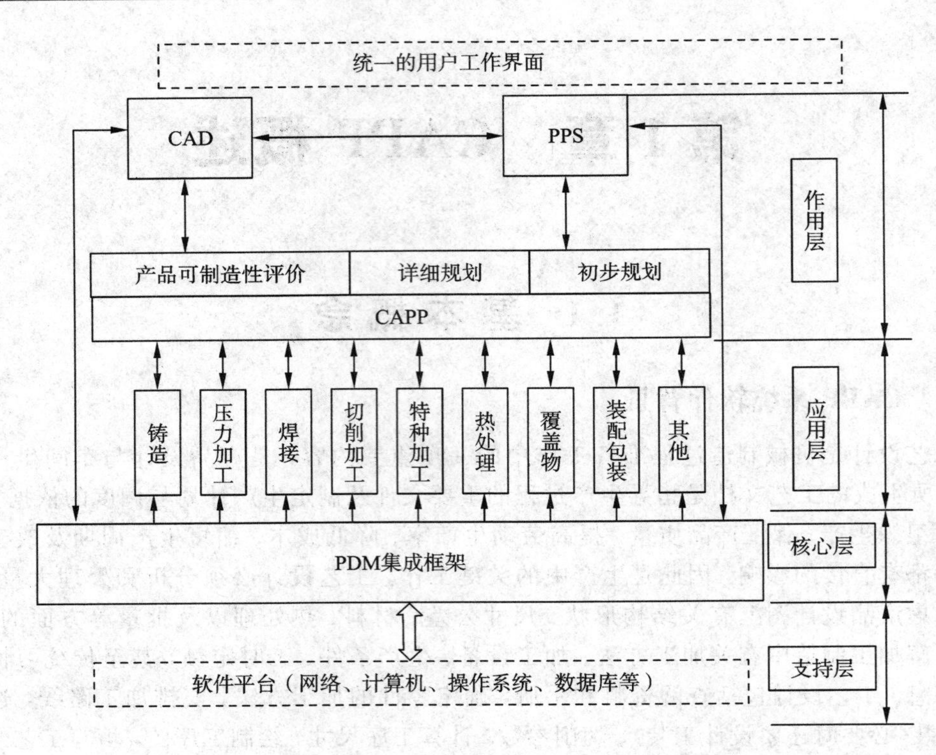

图 1-1　CAPP 系统的构成

CAPP 从 20 世纪 60 年代开始研制，研制出的许多 CAPP 系统大都用于生产中。表 1-1列出了国外著名的 CAPP 系统，它们大都采用FORTRAN语言编写。表 1-2 列出了国内研究的部分 CAPP 系统。它们大都用于回转体零件，其次用于棱柱形零件和板块类零件，其他非回转体零件也有应用。

表 1-1　国外研究的主要技术成果

序号	研制单位	适用范围	适用情况	开发年代
1	挪威	回转体零件	商业	1969/1973
2	美国 CAM-I	所有零件	商业	1976/1973
3	美国工艺研究中心	回转体零件	商业	1977
4	美国普渡大学	箱体零件	学术	1977
5	日本神户大学	棱柱形	学术	1976/1980
6	德国亚琛工业大学	回转体及板块零件	商业	1976/1980
7	荷兰应用科学院	回转体棱柱体	商业	1980
8	美国金属切削协会	回转体零件	商业	1980
9	美国曼彻斯特大学	回转体零件	商业	1980
10	美国 CAM-1	所有零件	学术	1980
11	柏林工业大学	回转体零件	学术	1982
12	普渡大学和宾州大学	棱柱	学术	1984

九五期间我国投入了大量的人力物力进行CAPP系统的研究与开发工作，已初步建成基于Sybase数据库C/S结构的多模式多用户网络化CAPP系统。该系统集创成型、派生型、交互型于一体，可作为一个独立系统使用，在系统内部下发工艺任务，完成工艺设计，也可与其他系统集成使用，如直接从MIS系统接受工艺任务，按产品结构进行配套工艺设计，并能自动生成各种工艺报表。该系统已在科研生产中得到应用并发挥了积极作用，但从工艺生成的方型来讲，使用交互型和派生型较多，而使用创成型较少。究其原因是虽然创成型CAPP系统生成效率高、工艺人员劳动强度低，但由于工艺知识库中的内容太少，只有几组零件可以使用创成型CAPP进行工艺设计，从而使得创成型CAPP适用面太窄。因此，影响CAPP系统整体水平和通用性的主要瓶颈是工艺知识库的建立。国内大学在这方面进行了一些相关研究，并取得一定的技术成果，具体成果见表1-2。

表1-2 国内主要技术成果

序号	研制单位	适用范围	序号	研制单位	适用范围
1	上海同济大学	所有零件	10	江苏工学院	所有零件
2	北京理工大学	回转体零件	11	西安交通大学	回转体零件
3	北京航空航天	回转体零件	12	成都科技大学	齿轮
4	湖南大学	箱体零件	13	郑州纺织大学	回转体零件
5	东南大学	齿轮	14	济南第三机床厂	所有零件
6	北京机械工程院	所有零件	15	沈阳第三机床厂	回转体零件
7	机械部工程院	轴类零件	16	天津大学	仪器底座
8	武汉钢铁机械厂	回转体零件	17	南京航空学院	回转体零件
9	浙江大学	回转体零件	18	唐山轻机厂	所有零件

随着科技创新和工业一体化的发展，机械行业CAPP的瓶颈问题一定会得到更好的解决。

如何在一定的时间范围内利用有限的资源来实现特定的目标是每一个企业都需要解决的问题。企业的产品都要经历从开拓市场、扩大市场份额到能够保持尽可能稳定地占有市场的历程。

随着产品发布周期不断缩短，市场对企业的响应速度要求越来越高。资料显示，美国制造企业的经营从20世纪50年代的"规模效益第一"，经过70年代和80年代的"价格质量第一"和"质量竞争第一"，发展到当前的"市场响应速度第一"，时间因素被提到了首要地位。因此如何应用现代科技手段，以最短的生产周期、最低的制造成本向市场提供用户要求的高质量产品，成为当今制造工程研究的重要命题。

1973年，美国Joseph Harrington博士在《Computer Integrated Manufacturing》一书中首次预言性地提出了计算机集成制造(CIMS)的概念，到了80年代初，美、日、欧共体都把CIMS的研究与开发列为科技发展的一个战略目标。当前制造业正向着以计算机、信息技术和先进制造技术为核心的新一代生产模式方向发展。CIMS在自动化技术、信息技术和先进制造技术的基础上，通过计算机及其软件，将制造工厂全部生产活动所需的各种分离的自动化系统有机地集成起来，适合于多品种、中小批量生产的智能制造系统，具有总体高效益、高柔性的特点。CIMS 的工作重点是集成企业内部信息，强调技术支撑与管理。在实施过程中，CIMS 不断吸收新技术、新思想、新观念，发展形成多种新一代生产模式，其中具有较大影响的有柔性制造系统、并行工程、精益生产、敏捷制造、虚拟制造以及全球制造等。

新的制造理念 CIMS 的提出，必然对其重要的组成部分 CAPP 也提出了更高的要求。全球化、网络化制造趋势的发展，企业对于整个供应链的协作力度加大，这必然要求工艺设计的反应要和产品的整体设计速度、转型速度及生产周期短的情况相适应；随着数控机床和加工中心的不断普及，对工艺设计也提出了更高的要求，以往普遍采用手工编写工艺的方法已经不能适应现代的快节奏。信息化时代的管理工作要求工艺人员放下传统的纸和笔，充分利用信息技术的优势来进行企业的工艺和管理工作。作为生产型企业，管理的一些原始数据和关键资料均来自生产一线，特别是工艺部门，因此，工艺技术人员工作质量的优劣、工作效率的高低直接关乎一个企业的发展。工艺部门是管理、设计与生产的核心部门之一，提高了工艺设计的质量与效率，就会突破企业管理及生产之间的瓶颈，就会在竞争激烈的市场站稳脚跟，促进企业的进一步发展。

1.1.2 CAPP 的概念及优点

CAPP 是利用计算机快速处理信息的能力及具有各种决策功能的软件，来自动生成各种工艺文件的过程。计算机辅助工艺过程设计(CAPP)借助计算机来实现工艺过程设计的自动化。

工艺工作贯穿在整个生产过程中。工艺设计工作涉及企业的生产类型、产品结构、工艺装备、生产技术水平等，还受到工艺人员实际经验和生产管理体制的制约，其中的任何一个因素发生变化，都可能导致工艺实际方案发生变化。因此，工艺设计是企业生产活动中最活跃的因素，使用环境的多样性必然导致工艺设计的动态性和经验性。

中小批量生产的机械制造业长期以来存在一个基本矛盾，即生产过程本身的高生产率、高自动化程度与生产准备工作的低生产率、低自动化之间的矛盾。

从新产品试制的过程看，周期最长的阶段之一是技术性生产准备工作，其中工艺设计是关键性的一环。工艺过程设计要解决的主要问题是：根据产品的性能要求，确定产品零件的加工方法、加工顺序、加工所选用的机床、切削刀具、夹具、加工尺寸及其余量、切削参数和工时定额等。

长期以来，工艺过程设计都是依靠工艺设计人员根据个人积累的经验去完成的，不仅手工劳动量大，而且设计质量也随设计人员的经验而有很大差别，难以实现设计结果的标准化。由于工艺过程设计 90%以上的时间用于查阅技术资料、填写表格与说明等比较简单的工作，因此具有实现自动化的必要性，而且也有相当大的可能性。

综合上述，传统设计方法要求工艺人员必须有丰富的生产经验，熟悉企业内部各种加工方法及相应设备使用情况，熟悉企业内部各种生产加工规模和有关规章制度，能和各方面保持友好合作。

随着计算机在制造性企业中的应用，通过计算机进行工艺的辅助设计已成为可能，CAPP 的应用从根本上改变了依赖于个人经验，人工编制工艺规程的落后状况，促进了工艺过程的标准化和最优化，提高了工艺设计的质量；它使工艺人员从繁琐重复的计算、编写工作中解脱出来，极大地提高了工作效率，从而使工作人员能将主要精力转向新产品、新工艺和新装备的研究与开发工作以及集中精力去考虑提高工艺水平和产品质量等问题。CAPP 可以迅速编制出完整而详尽的工艺文件，在缩短工艺准备以及生产准备的周期，适应产品不断更新换代的需要，保证工艺设计质量和提高产品工艺的继承性等方面很有成效。此外，CAPP 也为制定先进合理的工时定额以及完善企业管理提供了科学依据。引进并建立适合企业自身特点的 CAPP 系统，就可以解决现存的许多问题，在实现工艺设计、管理信息化的同时，提高企业的竞争力，为企业信息化管理打下坚实基础。

CAPP 系统为集成制造系统的出现提供了必要的技术基础。一个完整的 CAPP 系统所具有的功能应该包括自动从 CAD 系统中获取产品的相关数据，辅助工艺设计人员制定可以被生产计划系统接受的工艺过程数据和资源清单(刀具清单、机床清单、工装清单等)以及可以被质量控制系统接受的工艺过程数据等。

1.1.3　CAPP 系统的功能

一个 CAPP 系统应具有以下功能：

① 检索标准工艺文件；
② 选择加工方法；
③ 安排加工路线；
④ 选择机床、刀具、量具、夹具等；
⑤ 选择装夹方式和装夹表面；
⑥ 优化选择切削用量；
⑦ 计算加工时间和加工费用；
⑧ 确定工序尺寸和公差及选择毛坯；
⑨ 绘制工序图及编写工序卡。

有的 CAPP 系统还具有计算刀具轨迹，自动进行 NC 编程和进行加工过程模拟的功能，有些专家认为这些功能属于 CAM 的范畴。

1.1.4　CAPP 的地位和作用

在制造企业中，工艺规程作为一种指导性技术资料对企业的生产运作起着至关重要的作用。编制工艺文件的基本任务是将产品和零件的设计信息转换为加工方法。在传统的工艺设计方式中，工艺数据的正确性完全由设计人员来保证，但工艺数据繁多而且很分散，处理起来繁琐、易出错。CAPP 技术的出现为缩短产品生产准备周期，提高工艺文件质量，提供了一条切实可行的新途径。在面向现代化制造业的计算机辅助技术中，CAPP 是连接 CAD 与 CAM 的中间环节，是 CIMS 中不可缺少的部分。大部分企业一般都具有相对稳定的产品种类，其基本产品的工艺过程也是相对不变的，变化较多的则是产品的系列，因此，企业日常工艺设计的主要方式是基于产品工艺的改型设计。这种方式下，企业生产过程中所需要的工艺文件在相当程度上都具有很大的类似性。而在工艺文件的生成过程中，工艺卡填写、工序图绘制以及工艺计算是最主要的工作。因此，怎样实现这部分工作的计算机化才是提高企业工艺设计效率和质量，减少重复劳动，缩短开发周期的关键，也是我们在推广应用 CAPP 过程中首先应该解决的问题。

1.2　CAPP 的支撑环境

一个 CAPP 系统是由一系列必要的硬件和软件组成的，如表 1-3 所示。

表 1-3　CAPP 系统组成

CAPP 系统	
CAPP 硬件系统	CAPP 软件系统
计算机	应用软件
存储器	支撑软件
其他外围设备	系统软件

1.2.1　CAPP 的硬件环境

CAPP 的硬件主要包括计算机及其有关的外围设备。

1. 硬件系统组成

CAPP 系统一般是在微机上运行的，其基本硬件配置如图 1-2 所示，CAPP 系统一般包括：

① 计算机：集成环境下在工作站、小型机环境下运行，对于 CAPP 系统本身的工作来说，一般的微机能够满足。

② 存储器：硬磁盘、软磁盘和优盘等。

③ 图形显示器：CRT、阴极射线显示器、液晶显示器和等离子体显示器等。

④ 打印机：喷墨式和激光打印机等。

⑤ 鼠标器：机械式和光电式等。

另外，还有键盘、扫描仪、绘图仪等输入/输出设备。

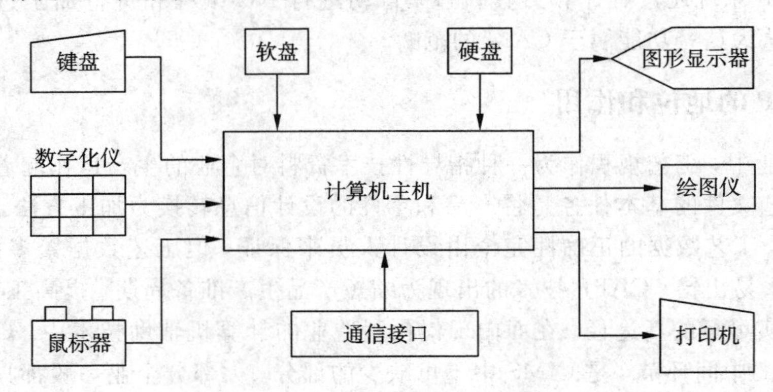

图 1-2　CAPP 硬件系统

2. CAPP 硬件系统的类型

硬件系统的类型主要按系统组织方式分为：单机和联机。

单机系统是由一台计算机加上输入输出装置供单一用户使用的系统。

网络联机可以分为集中式和分布式两种形式。

1.2.2 CAPP的软件环境

在微机上开发CAPP系统时，一般都要用DOS操作系统和与之都相配的汉字系统；其次是选择编程语言；此外还要确定数据文件管理方法(或选用数据库管理系统)以及选用工序图开发支撑软件等。

1）选用DOS操作系统和汉字系统

DOS和汉字系统版本都在不断提高，所以选用时应注意它们的适配性。此外，选用时还要注意汉字的输入方便性是否满足工艺规程输出的要求。例如某次实训工艺规程输出要求各种字型和字体，所以选择的汉字系统必须能方便地实现其要求。

2）BASIC语言

BASIC语言是一种通用语言，其主要特点为：

① 基本语句少，且语句和运算表达式与英语和数字表达式基本相同，容易记忆和理解。

② 处理字符(汉字)比较方便，功能强。

③ 能与dBASE(FoxBASE)、AutoCAD等其他软件进行数据信息交换，发挥各自特长。

④ 程序结构性较差，程序很大时编写很不方便。

3）支撑软件的选择

CAPP系统的工艺规程自动排印系统应选字符表格处理功能强的dBASE或FoxBASE作为开发工具比较合适。工序图选用了通用的CAD绘图系统，如AutoCAD。

1.2.3 应用软件

目前市场主要使用的应用软件如表1-4所示。

表1-4 应用软件

商品化的CAPP软件	商品化的CAD/CAM软件
开目CAPP系统	AutoCAD
清华天河CAPP系统	UGNX
金叶CAPP系统	Pro/Engineer
CAXA工艺图表	MasterCAM

1.3 CAPP的原理、开发模式及基础技术

计算机生成工艺的基本原理，是将经过校准、优化或编制后的工艺的逻辑思想(长期以来工艺师们积累的知识和经验)，通过CAPP系统存入计算机，在计算机生成工艺时，CAPP软件首先读取有关零件信息，然后识别并检索一个零件族的复合工艺和有关工序，

经过删除和编辑，并按工艺决策逻辑进行推理，最后自动生成具体零件的工艺。假如在计算机读取的零件信息中，部分信息超出计算机识别处理的范围，即找不到零件对应族或不能预先确定的工艺时，则计算机只能按信息错误处理。所以，计算机只能按 CAPP 软件规定的方式生成工艺过程，而不能创造新的工艺方法和加工参数。

一旦新的加工方法和加工参数出现，就必须修改 CAPP 系统中的某些部分，使之适应新的加工制造环境。虽然研究人员正在将人工智能引入 CAPP 系统设计和开发专家系统，但是由于工艺领域的特殊，很难收集到能被普遍接受的权威性的专家知识，所以专家系统目前还不成熟。

CAPP 的工艺生成原理有三种，即派生法、创成法和专家系统。这三种方法各有优缺点：派生式系统易于实现，但是柔性差，可移植性差；创成式系统具有一定的适应能力，但开发起来比较困难；专家系统具有启发性、透明性、灵活性等特点，前景广阔，但是存在着知识获取的瓶颈等一系列尚待解决的问题。除了专家系统方法，一些人工智能领域的最新研究成果也逐渐应用于工艺设计过程中。

CAPP 的基础技术有：

① 成组技术。

② 零件信息的描述与获取。

③ 工艺设计决策机制。

④ 工艺知识的获取及表示。

⑤ 工序图及其他文档的自动生成。

⑥ NC 加工指令的自动生成及加工过程动态仿真。

⑦ 工艺数据库的建立。

1.4 CAPP 现状及发展趋势

CAD 的结果能否有效地应用于生产实践，NC 机床能否充分发挥效益，CAD 与 CAM 能否真正实现集成，都与工艺设计的自动化有着密切的关系，于是，计算机辅助工艺规程设计(CAPP, Computer Aided Process Planning)就应运而生，并且受到愈来愈广泛的重视。工艺规程设计的难度极大，因为要处理的信息量大，各种信息之间的关系又极为错综复杂，而以前主要靠工艺师多年工作实践总结出来的经验来进行，因此，工艺规程的设计质量完全取决于工艺人员的技术水平和经验。但是这样编制出来的工艺规程一致性差，也不可能得到最佳方案。另一方面熟练的工艺人员日益短缺，而年轻的工艺人员则需要时间来积累经验，再加上工艺人员退休时无法将他们的“经验知识”留下来，这一切原因都使得工艺设计成为机械制造过程中的薄弱环节。CAPP 技术的出现和发展使得利用计算机辅助编制工艺规程成为可能。

对 CAPP 的研究始于 60 年代中期，1969 年挪威研制的第一个 CAPP 系统 AUTOPROS，它是根据成组技术原理，利用零件的相似性去检索和修改标准工艺过程的形式，形成相应零件的工艺规程。AUTOPROS 系统的出现，引起世界各国的普遍重视。接着于 1976 年，美国的 CAM－Ⅰ公司也研制出自己的 CAPP 系统。这是一种可在微机上运行的结构简单的小型程序系统，其工作原理也是基于成组技术原理中，如图 1－3 所示。

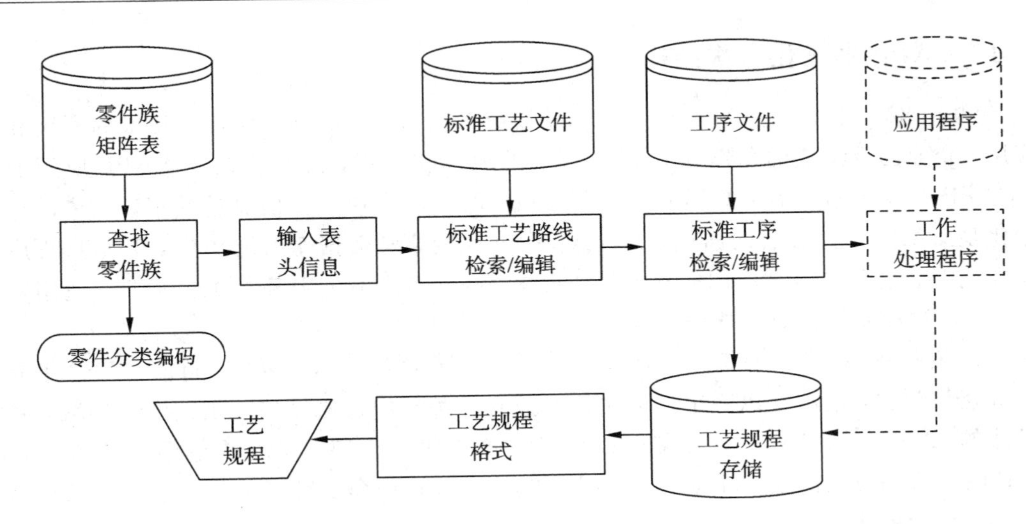

图 1-3　CAM-I 的 CAPP 系统流程图

CAPP 系统从 20 世纪 60 年代中期开始研制，到目前为止，已研制出很多 CAPP 系统，而且有不少系统已投入生产实践使用。在已应用的系统中，针对回转类零件的 CAPP 应用比较成熟，而且多应用于单件小批量生产类型。我国于 20 世纪 80 年代开始这项研究，已开发出不少 CAPP 系统，有的 CAPP 系统在实践应用中取得良好的效果。

由于 CAPP 系统涉及问题的复杂性和对应用企业具体环境的依赖性，CAPP 不像 CAD、CAM 的软件可以直接使用国外的成熟产品，而需要适合我国国情和企业状况，因此只能采用自主开发的国产软件。国内最早开发的 CAPP 系统是西北工业大学的 CAOS 系统和同济大学的 TOHCAP 系统，其完成的时间都在 80 年代初。从 20 世纪 80 年代以来，国内在 CAPP 技术的研究与系统的开发上已投入大量的资金与力量，在智能化决策及与其他系统的集成化方面提出了许多技术方案，并已开发出为数众多的 CAPP 系统。在所开发的 CAPP 系统中，有些系统已得到实际应用，少数已商品化。但总的来看，CAPP 的研究开发方向存在与实际应用严重脱节的偏差。

1995 年前后，自国内外出现多种基于交互式的商品化软件以来，CAPP 系统总体情况有较大的改善，但仅仅是工艺文档的编制，缺乏对有使用价值的集成化和智能化功能的研究开发，欠缺工艺信息结构化而难以信息集成和共享，过于依赖系统应用环境，兼容性和可移植性差，不能满足企业工艺信息数字化及集成化的需要。这种 CAPP 系统缺乏从整个产品的角度研究企业工艺信息化和 CAPP 集成问题，并忽视工艺管理功能的研究与开发，难以满足先进制造系统对工艺信息化的应用和发展需求，甚至在计算机应用比较广泛的企业中也会失去应有的重要价值。

分析国外和国内 CAPP 的发展情况，国内外已开发出许多 CAPP 系统，但真正得到工厂实际应用的系统还很少，同 CAD、CAM 等计算机辅助技术相比，CAPP 仍是薄弱环节，许多技术问题还有待解决。就其研究方法而言，基本经过了派生式、创成式的过程，目前正在广泛进行智能化、集成化、柔性化、并行化方面的研究。目前，集成化、智能化、实用化、工具化仍是 CAPP 发展的主要趋势。

1.4.1　CAPP 集成化层次结构

20 世纪 80 年代以来，随着 CAD、CAM、PDM、MIS、CIMS、CE 等技术的发展和广泛应用，企业已从集成的角度认识到 CAPP 的地位和作用，集成化成为 CAPP 应用的方向。CAPP 集成化的基础是 CAPP 的信息集成，即广泛实现工艺信息的共享。工艺设计的数据化是 CAPP 信息集成的前提，开放式、分布式网络和数据库系统是 CAPP 信息集成的支撑环境。企业在 CAPP 应用的规划与建设中，必须考虑 CAPP 系统的开放性、适用性及先进性，以适应企业信息集成的需求。

从狭义上讲，CAPP 的集成化是指 CAD/CAPP/CAM 集成。因此，目前 CAPP 集成系统的研究与开发，基本是以零组件为主体对象且大都集中在机械加工工艺设计领域，并将零组件的 CAD/CAPP/CAM 集成看做 CAPP 集成化的全部，缺乏从整个产品角度研究 CAPP 的集成和应用问题。目前，随着 PDM，MIS，CIMS 等技术的发展，企业对 CAPP 提出了更为广泛的集成需求。

随着 CAPP 及其集成技术的发展和企业对 CAPP 应用的需求，CAPP 的集成与应用应从以零组件为主体对象的局部集成和应用走向以整个产品为对象的全面集成与应用，CAPP 的集成化应是一个多层次、分阶段的渐进发展过程。其目标是：全面实现企业产品工艺设计和管理的计算机化和信息化，并逐步实现与产品数据管理 PDM(Product Data Management)，管理信息系统 MIS(Management Information System)等系统对产品工艺信息的全面集成和产品设计、工艺设计、生产计划调度的全过程集成。基于此认识，将 CAPP 的集成应用划分为面向数控编程自动化的特征基 CAD/CAPP/CAM 集成应用、面向产品数据共享的 CAD/CAPP/PDM/MRPⅡ集成应用、面向 CE 和 AM 等的产品设计/工艺设计/生产计划调度全过程集成应用等三个方面的内容，如图 1-4 所示。

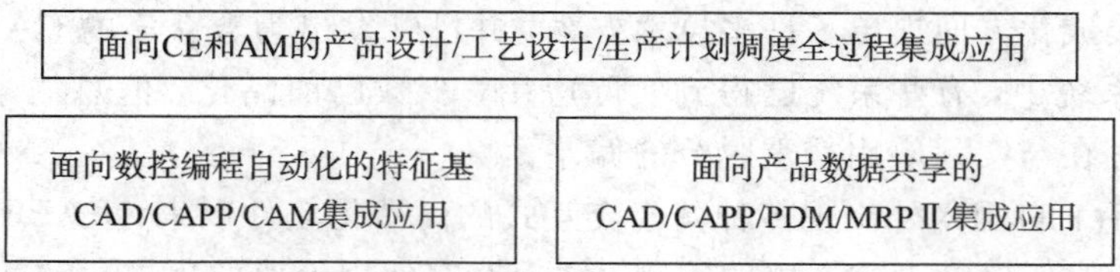

面向CE和AM的产品设计/工艺设计/生产计划调度全过程集成应用

面向数控编程自动化的特征基 CAD/CAPP/CAM集成应用

面向产品数据共享的 CAD/CAPP/PDM/MRPⅡ集成应用

图 1-4　CAPP 集成应用

(1) 面向数控编程自动化的特征基 CAD/CAPP/CAM 集成应用。特征基 CAD/CAPP/CAM 集成不仅是解决 CAPP 信息输入问题的根本途径，而且可以实现数控编程的真正自动化。特征基 CAD/CAPP/CAM 集成一直是 CAPP 发展的重要方向，国内外开发了许多特征基 CAD/CAPP/CAM 集成系统。从应用效益看，CAD/CAPP/CAM 集成应用主要适用于复杂的数控加工类零件。因此，CAD/CAPP/CAM 集成系统的研究与开发目标应定位于实现数控编程自动化，而不仅仅是工艺决策的自动化。

(2) 面向产品数据共享的 CAD/CAPP/PDM/MRPⅡ(ERP)集成应用。CAPP 是产品设计制造和生产经营管理实现信息集成的关键性环节，然而人们一直将 CAD/CAPP/CAM 的集成作为研究与开发的重点，从未真正重视 CAPP 与 MRPⅡ等环节的信息集成，随着 MRPⅡ等环节的深入实施与 PDM 的发展，实现面向产品数据共享的 CAD/CAPP/PDM/MRPⅡ(ERP)集成应用是 CAPP 应用与发展的重要基础。图 1-5 是 CAD/CAPP/

PDM/MRPⅡ集成信息流程图。

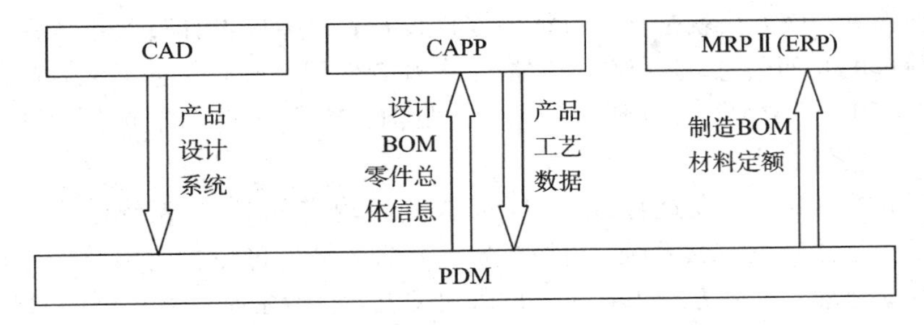

图 1-5　CAD/CAPP/PDM/MRPⅡ集成信息流程图

(3) 面向 CE 和 AM 等的产品设计/工艺设计/生产计划调度全过程集成应用。实现产品设计/工艺设计/生产计划调度全过程集成，是并行工程与敏捷制造对 CAPP 集成化提出的要求。一个产品的设计过程包括概念设计、结构设计和详细设计三个阶段。目前，产品设计/工艺设计/生产计划调度全过程集成的研究，主要集中在详细设计阶段的机械加工零件的 CAD、CAPP 及生产计划调度的研究，而未涉及产品级。

1.4.2　特征基 CAD/CAPP/CAM 集成技术

CAD/CAPP/CAM 集成一直是 CAPP 发展的重要方向，国内外也开发了一些集成化的 CAD/CAPP/CAM 系统。从技术发展来看，CAD/CAPP/CAM 集成应用主要适用于数控加工类零件。在 CAD/CAPP/CAM 集成研究中，特征基工艺决策模型是关键技术之一。

CAD/CAPP/CAM 的集成是指 CAD、CAPP、CAM 之间的信息共享。目前的 CAD 系统，无论是用线架模型(Wire Frame)，还是实体模型(构造实体几何法(CSG)或边界表示法(B—rep))，虽然能精确地表示三维物体，但不能为 CAPP 提供高层次的零件特征信息。目前的大多数 CAPP，采用人机交互输入零件信息的方法，虽然可以在一定程度上满足 CAPP 工艺决策的要求，但需要重复输入零件信息，不仅工作量大，而且增加了 CAPP 系统对零件描述不一致的可能性。

从数控编程角度看，CAPP 系统经历了手工编程、APT 半自动编程、CAD/CAM 图像编程等发展阶段，但所需的加工顺序、刀具、加工参数等工艺信息仍需交互输入。因此，CAD/CAPP/CAM 集成不仅是解决 CAPP 信息获取问题的根本途径，而且可以实现数控编程的真正自动化。从集成角度，一个完整的零件特征信息模型可分为三层：零件层、特征层、几何层。零件层主要反映零件的总体信息，它包括零件图号、零件名称、产品型号、生产批量等管理信息和一些总体技术要求；特征层主要反映零件的特征信息，它包括对构成零件的每个特征及其相互关系(位置关系、尺寸关系等)、工艺属性进行描述的信息，是零件信息模型的核心；几何层主要反映零件的点、线、面等几何/拓扑信息，它可利用现有 CAD 几何模型作为基础。

CAD/CAPP/CAM 集成的关键是建立完整的零件特征信息模型。目前，建立一个零件的特征信息模型有三种方法：

(1) 自动特征识别。该方法就是从 CAD 系统给出的零件几何模型中自动抽取特征数据。但目前的 CAD 模型中不包含公差、粗糙度等对 CAPP 至关重要的信息，且已有的自动特征识别算法相当复杂，通用性差。因此，这种方法目前还达不到实用水平。

(2) 特征设计。该方法就是基于特征的零件设计，即零件设计过程中采用的基元是特征，而不是简单的几何信息。这样设计数据库中既有低层的几何信息，又有高层的特征信息，以满足 CAPP、CAM 等后续环节的需求。目前，特征设计有待解决的技术问题还很多，尚在进一步发展之中。

(3) 交互式特征定义。在这种方法中，首先利用现有的 CAD 系统生成零件的几何模型，然后通过交互式特征定义系统，由用户定义特征，最后将完整的零件信息模型存储在设计数据库中。显然，这种方法仍需大量的人机交互，且通常是针对特定的 CAD 系统，通用性差，但目前不失为一条现实可行的方法。

1.4.3 基于交互式的综合智能型 CAPP 系统

1. CAPP 智能化的基础是建立丰富的工艺知识库

在实际的工艺设计中，所用到的知识是多方面的：

(1) 资源知识：有关机床设备、工艺装备、材料等方面的知识。

(2) 对象知识：有关产品、零件、毛坯等方面的知识。

(3) 工艺知识：有关工艺方法、典型工艺、加工参数及各类相关的工程/工艺标准规范等方面的知识。

(4) 决策知识：有关工艺决策方法与过程等方面的知识。

这些知识的来源也是多方面的：书本手册、生产现场、工艺实例、工艺专家等。

CAPP 专家系统中，知识库通常是狭义的知识库，即知识库中主要存储推理规则等规则性知识。这些知识库主要是面向系统自动决策。因此，知识的数量同实际需要相比，只是很少的一部分，且缺少足够的事实性知识，局限性很大。

在基于交互式的综合智能型 CAPP 系统中，知识库的作用首先是为工艺人员做决策时提供详尽的帮助。这可分为两个层次：

(1) 手工查阅工艺手册及相关资料。

(2) 手工查阅已设计好的工艺实例。

该系统进一步提供相关工艺自动决策功能，辅助工艺人员提高工作效率，帮助具有较少经验的工艺人员能够设计出具有专家或准专家水平的产品工艺。

在此意义上的知识库是广义的知识库，它包含了工艺数据库、典型工艺库、工艺规则库等。因此，建立丰富的工艺知识库是实现 CAPP 智能化的重要基础。

2. 智能化交互式 CAPP 关键技术

1) 基于交互式的人机混合工艺决策技术

人工智能技术在模拟人的逻辑思维方面取得了很大的成功，而且在 CAPP 等领域得到了较为广泛的应用。但在目前条件下，让计算机具有和人一样的思维和智能是不现实的。因此，出现了人机一体化的思想。当前，人在制造中的作用被重新定义和加以重视，人不再被看做是干预因素，而是被当作构成整个制造环境的一个组成部分，人的个人技能可以得到充分发挥。工艺设计经验性强，技巧性高，在 CAPP 中发挥工艺人员的个人技能更有重要的实际意义。建立一种“人机一体化”的智能系统，充分发挥人的智能优势，以合理的代价实现较高的智能，这在很长一段时间内将是开发 CAPP 系统的一个指导原则。

基于交互式的人机混合工艺决策技术是指工艺设计人员(用户)在CAPP系统中的地位，不像在传统的CAPP智能系统中，仅仅是信息输入人员的角色。传统的方式是用户输入、系统决策、系统输出，系统处理过程对用户是不可变动的。而在基于交互式的人机混合工艺决策系统中，用户是工艺决策的主体，系统决策的目的不再是代替工艺人员，而是有效地辅助工艺人员。对于工艺路线安排等经验性强的规划性决策可充分发挥人的智能优势，而刀具选择等选择性决策及计算性决策，可充分发挥计算机的优势。

2）交互式动态知识获取

在传统CAPP专家系统开发中，知识获取需要耗费大量人力、物力和财力，成为系统开发和应用的“瓶颈”环节。采用交互式动态知识获取技术，工艺人员(需要具有工艺知识库管理权限)可在工艺设计过程中，随时将产品工艺中所定义的工序、工步、设备、工装等事实性知识不经任何修改或经过一定的编辑修改直接放入知识库，从而实现知识库的动态扩充。

3）基于实例的相似工艺自动检索

采用相似工艺检索技术，不仅可大大减少工艺人员的工作强度和对有经验工艺人员的依赖，而且会提高产品工艺的继承性和重用性，从而能够在不同条件下解决工艺过程和工装的统一化，促进工艺的标准化。

在传统的修订式CAPP系统开发中，需要事先花费大量的人力、物力和财力进行零件的编码与标准工艺规程的编制等准备工作。而在交互式CAPP系统中，相似工艺的自动检索是基于实例的相似工艺自动检索。成组技术(GT)、基于实例(Case based)的技术、模糊逻辑等是实现基于实例的相似工艺自动检索的基础。

4）工艺知识自动获取

学习是智能的重要特征。机器学习是CAPP智能化的重要方面，国内外在应用ANN等人工智能技术进行工艺知识自动获取方面作了许多研究工作，但由于受训练样本的限制，有其局限性。

数据挖掘与知识发现(Knowledge Discovery)技术源于人工智能和机器学习，它是从数据仓库的大量数据中筛选信息，从而发现新的知识。随着CAPP的广泛应用，企业将积累形成大量的产品工艺数据库，数据挖掘与知识发现技术将为充分利用这些企业的宝贵财富和提高CAPP系统的智能化提供新的方法。

3. 基于知识库的综合智能型CAPP系统结构

实践表明，CAPP的智能化以交互式为基础，以知识库为核心，并采用检索、修订、创成等多工艺决策混合技术和多种人工智能技术的综合智能化，从而形成基于知识库的综合智能化型CAPP系统框架，才能真正理顺先进性与实用性、普及与提高等各方面的关系，满足企业对CAPP广泛应用与集成的需求。

专家系统作为典型的综合智能型CAPP系统，通过适当的知识表示方法把专家知识结构化，建立知识库，通过决策逻辑，解决特定领域内只有人类专家才能解决的具有一定难度的问题。由于专家系统的功能很大程度上取决于它所具有的专门知识，因而专家系统也被称为知识基系统(Knowledge Based System)。专家系统一般包括六个主要部分，即通用数据库(General Data Base)、专家领域知识库(Domain Specific Knowledge Base)、推理机

(Inference Engine)、知识获取环节(Knowledge Acquisition)、解释环节(Explanation/justification)和人机界面(Man/Machine Interface)。

国外在创成式CAPP专家系统的开发系统的研制应用上取得了不少成就，提供了处理经验性专家技巧(启发性知识)的新方法且具有很大灵活性的软件结构，从而为CAPP的发展注入了新的活力，如图1-6所示。

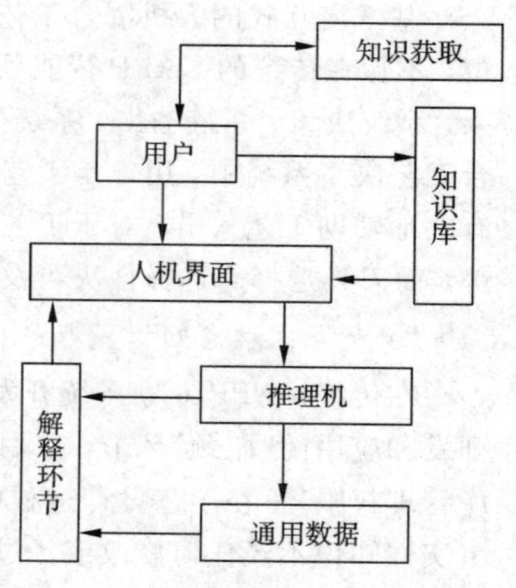

图1-6　典型专家系统的结构图

CAPP系统按开发模式可以归纳为：专用型CAPP系统和工具型CAPP系统。专用型CAPP系统是指专门为特定企业环境和零件对象而开发的CAPP系统。工具型CAPP系统的基本特征是其工艺决策方法和其他系统功能是通用化的，因此它必须采用新的CAPP系统设计理论。从体系结构上看，工具型CAPP系统又可以分为框架型CAPP系统和开发平台型CAPP系统。

1.5　CAPP技术当前存在的问题

虽然目前开发的各类CAPP系统约有上百种之多，但CAPP在生产实际中的应用情况尚不能令人满意，主要是下面几个尚未得到有效解决的关键问题。

1) CAPP系统的设计方法问题

目前的CAPP系统尚未很好地解决系统与数据的分离、知识与决策的分离，从开发模式上看大多为专用型系统，因此系统的扩充与更新困难，开发周期长。

2) 零件信息描述和输入的问题

现有的CAPP系统大多数依靠人工输入零件信息，费时费力且难以保证输入的正确性，成为阻碍CAPP发展的一个瓶颈。

3) 专家系统思想和系统决策方式有待完善与提高

目前创成式CAPP系统对于工艺知识的搜索与表达尚存在问题，必须进一步将经验知识理论化、公式化和标准化。同时由于人工智能技术本身发展还不完善，也给创成式CAPP的研发带来困难。

4) 系统实用性问题

当前CAPP系统还较多地存在柔性差、集成性差、智能化低和自动化程度低的问题，使其难以走向实用化。

1.6　研究CAPP的意义

CAPP技术自从诞生以来，其研究与开发工作一直是国内外的热点问题，而且随着时间的推移受到越来越多的关注。近年来，随着计算机集成制造技术、并行工程、虚拟制造、敏捷制造以及全球先进制造系统理论的蓬勃发展，无论是广度上还是深度上，都给CAPP

系统的设计提出了更高要求，CAPP 系统不仅是信息集成的中枢，同时也是并行环境下各子系统之间功能协调的纽带。它所提供的功能包括给 CAD 系统提供反馈信息和支持设计决策，考虑车间层的实时动态信息，集成 CAPP 与生产作业计划系统，用公共制造资源数据库集成 CAPP 与制造资源计划等。

而国内外的现实显示，同 CAD、CAE、CAM、PDM、MIS 和 ERP 等相关的其他计算机技术相比，CAPP 的发展远远落后于其他计算机辅助技术。而工艺设计及工艺数据管理是连接产品制造的重要纽带，对企业生产经营有极大影响。因此，可以毫不夸张地说，CAPP 系统发展的相对滞后性已经成为了企业实施信息化改革的瓶颈问题之一。

传统上，工艺设计应由具有丰富生产经验和工程经验的工程师负责。作为一个好的工艺设计工程师必须具备：富有生产经验；熟知企业的各种设备的使用情况；熟知企业内各种生产工艺方法；熟知企业内各种与生产加工有关的规范；熟知与生产管理有关的各种规章制度；与各方保持友好协作。经验丰富的工程师，在发达国家常常感到人数不足，在美国，工艺设人员一般年龄 40 岁以上，并有丰富的生产车间经验；在英国，工艺工程师平均年龄为 55 岁。通过对年龄数据的统计，反映了工艺设计要求工艺工程师有多年的生产实践经验。

传统的工艺设计都是由人工进行的，这就不可避免存在一些缺点：

传统的工艺设计是由工艺人员手工进行设计的，工艺文件的合理性、可操作以及编制时间的长短主要取决于工艺人员的经验和熟练程度。这样就难以保证工艺文件的设计周期和质量。因此，传统的工艺设计要求工艺人员具有丰富的生产经验。

工艺设计需要生成大量的工艺文件，这些工艺文件，多以表格、卡片的形式存在。手工进行工艺规程设计一般要经过以下步骤：由工艺人员按零件设计工艺过程；填写工艺卡、绘制工序草图等；校对、审核、撰写、描图、晒图、装订成册。另外，工艺人员还要进行大量的汇总工作，如工装汇总、设备汇总等，这些工作量很大，需要花费很长时间。

随着国家科委“甩图版工程”的实施，二维 CAD 技术在企业中应用已很普及，各部门之间通过电子图档进行交流，然而由于工艺设计部门仍采用人工方式进行设计，这样就无法有效利用 CAD 的图形及数据。

工艺设计需要处理大量的图形信息、数据信息，并通过工艺设计产生大量的工艺文件和工艺数据；传统的设计方式需要人工处理及数据信息，由于数据繁多且很分散，因此，处理起来繁琐，易出错。

随着企业计算机应用的深入，各部门所产生的数据可以通过计算机进行数据交流和共享，如果工艺部门仍采用手工方式，其他部门数据就只能通过手工查询，工作效率低且易出错，所产生的工艺数据也无法方便地与其他部门进行交流与共享。

目前，计算机技术的应用已深入到工厂的各个领域，在进行工艺设计时，如果应用计算机进行工艺的设计，必然大大地提高工艺部门的工作效率、工作质量，提高信息处理能力和企业各部分间信息的交流能力。应用 CAPP 技术将缩短设计周期，对修改和变更设计能快速做出响应，工艺人员的经验能够得到充分的积累和继承，减少编制工艺文件的工作量和产生错误的可能性并为建立计算机制造打下基础。

通过对国内部分设计院、企业的了解，大部分企业对 CAPP 系统的应用情况并不令人乐观。企业应用 CAPP 系统最具代表性的情况有如下几种：

(1) 大部分企业的工艺设计仍采用手工设计的方式，CAPP 的应用仍是空白。较偏远地区的企业，特别是那些中小企业，不光 CAPP 的应用是一片空白，计算机的应用也令人担忧。

(2) 部分计算机技术和 CAD 的应用较为普及，工艺设计成为企业的薄弱环节，有些企业在 Word、Excel 或 AutoCAD 上绘制出工艺卡的空白表格，在此类 CAPP 所生成的工艺规程是以文件的形式存在的，企业无法对工艺数据进行有效的管理和利用。

(3) 部分企业已充分认识到工艺设计的重要性，并购买了部分商品化的 CAPP 系统，但由于企业 CAPP 的认识存在一些误区，所选系统具有很大的局限性，CAPP 的应用还不尽如人意。

目前大部分企业都认识到了 CAPP 技术应用的必要性，但企业在 CAPP 系统的选择和应用上还存在较多的误区和较大的盲目性，主要表现在盲目追求设计的自动化、最优化，而不注重基础数据的准备、基础技术的稳固发展和人员素质的提高。

根据实际情况，考虑到企业需要的是计算机“辅助”工艺设计，而不是完全自动化的工艺决策逻辑，同时兼顾企事业的工艺编制习惯和系统的先进性、开放性，我们开发了一种便于操作，实用性强的工具型 CAPP 系统。目前，智能化 CAPP 系统由于其本身的缺陷以及实际情况的多种约束，尚不能普遍推广于中小型制造业企业，因此，不盲目地追求所谓的“先进性”，开发出一种能够满足实际需求的工具型的 CAPP 系统，对于减轻工艺人员重复性的繁琐工作，增强工艺文件的标准化、规范化管理，对中小型制造业企业的发展而言，更加具有实际意义。

第2章　CAPP基础技术

2.1　成组技术

成组技术是计算机辅助工艺系统的基础，从20世纪50年代出现的成组加工，发展到60年代的成组工艺，再到后来的成组生产单元和成组流水线，其范围从单纯的机械加工扩展到整个产品的制造过程。70年代以后，成组工艺与计算机技术和数控技术相结合，出现了利用计算机进行零件分类编码，以成组技术为基础的柔性制造系统，并被运用到产品设计、制造工艺、生产管理等诸多领域。

2.1.1　概述

随着日益加剧的国内外市场竞争和现代科技的飞跃发展，机械制造业向种类更多批量更小的方向发展，即多品种、小批量生产成为机械制造业的发展趋势。传统的小批量生产方式会带来以下问题：

(1) 生产计划、组织管理复杂。由于生产品种和生产过程的多样性使生产组织管理工作复杂化，科学地制定生产作业计划较为困难，生产过程难于控制。

(2) 生产周期较长。传统车间的机群式布局，造成零件运行路线往返曲折，运行时间很长。同时由于零件品种多、批量小，机床调整频繁，利用率较低。

(3) 生产准备工作量极大。在产品设计和工艺准备工作中，总是分别针对一种产品或零件进行产品设计和工艺准备，原有的经过劳动创造的生产信息很少重复使用，在设计和制造的生产准备工作中很多是重复性劳动。

(4) 小批量限制了先进生产技术的运用。如何摆脱传统的小批生产中由于品种多、产量小所造成的困境，使之满足用户需求的同时，使企业获得接近大批量生产的经济效益是一个值得重视的技术经济问题。近代提出的诸如生产专业化、产品设计的“三化”(标准化、系列化和通用化)以及模块化、数控机床和加工中心的应用等，都取得了一定的效果，但均有局限性。而成组技术能从根本上解决多品种小批量与生产成本之间的矛盾。

成组技术(GT，Group Technology)是一门生产技术科学，研究如何识别和发掘生产活动中解决相关事件的最优方案，以取得所期望的经济效益。

成组技术应用于机械加工方面，就是将多种零件按其工艺的相似性分类以形成零件族，把同一零件族中零件分散的小生产量汇集成较大的成组生产量，从而使小批生产能获得接近大批生产的经济效果。

由于成组技术的基本原理符合辩证法，所以可以作为指导生产的一般方法。实际上，人们很早以来已应用成组技术的哲理指导生产实践，诸如生产专业化、零部件标准化等都可以认为是成组技术在机械工业中的应用。成组技术从制造工艺领域的应用开始，目前已广泛应用于设计、制造和管理等各个方面，并逐步发展成为一种提高多品种、中小批量生产水平的生产与管理技术，现已成为 FMS 及 CIMS 等先进制造系统的技术基础。

1. 成组技术的产生

成组技术是在多品种、中小批量的生产实践中产生的。在制造业中，每年生产的产品种类成千上万，且每种零件都具有不同的形状、尺寸和功能。但是，当人们仔细观察时，就又会发现零件之间存在相似性。图 2-1(a)的零件具有不同的功能，但形状尺寸相近；图 2-1(b)的零件在形状上有较大差异，但加工工艺过程具有较高相似性。因此，可以将零件进行分类并归并成组(常称零件族)。

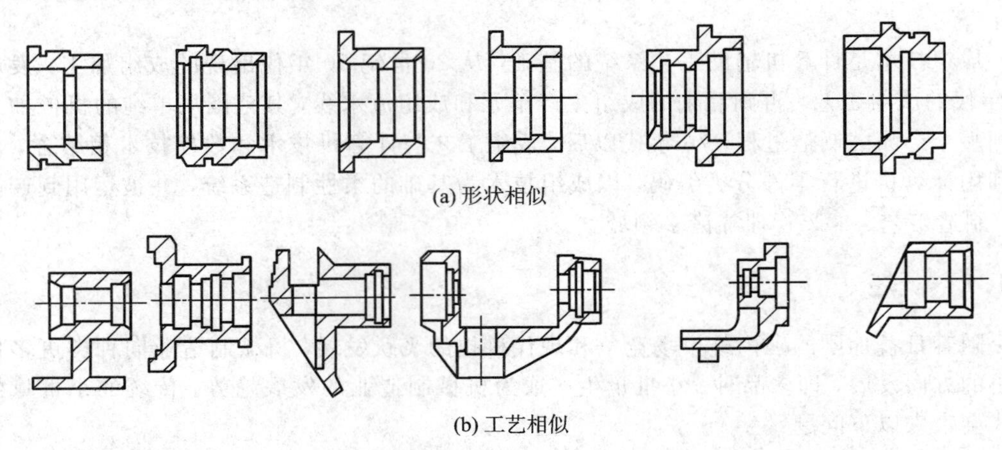

(a) 形状相似

(b) 工艺相似

图 2-1　零件族示例

虽然这种基本概念已存在很长时间，但直到 20 世纪 50 年代末才由前苏联的米特洛凡诺夫(С. П. Митрофанов)系统地提出成组技术的概念和方法。他在 1959 年出版的《成组工艺科学原理》一书中总结了前苏联早期在成组工艺方面的实践经验和研究工作。当时着重应用于各种类型机床的成组加工，即成组工序。在上述著作中，作者提出成组工序不仅可应用于个别工序，亦可应用于工序顺序相同零件的全部制造过程。同时论述了成组技术在生产组织管理的应用，如生产组织、计划、技术定额和流水生产等方面。

20 世纪 50 年代末 60 年代初，在东欧各国，成组技术被积极采用并取得进展。前捷克斯洛伐克机床与金属切削研究所(VUOSO)提出的零件分类编码系统(4 位码)，适合于零件特征统计和小型企业初期实施成组技术。此后，前联邦德国亚琛(Aachen)工业大学奥匹兹(H. Opitz)和英国的布利希(E. G. Brisch)等在零件分类编码系统等方面的贡献，使成组技术迅速推广到欧洲。

20 世纪 60 年代以后，日本、美国也积极采用成组技术，并取得了效果。日本十分重视零件分类编码系统对推广成组技术的作用，机械技术研究所和中小企业振兴事业团，在各企业合作下，自 1968 年至 1976 年，陆续开发了五个零件分类编码系统(KC－1、2 及 KK－1、2、3)，以供企业实施成组技术或制定本企业系统时参考。美国在 20 世纪 70 年代末 80 年代初也认识到，为进一步发挥数控机床的优越性，必须与成组技术相结合，建立成组生产单元，从而推进柔性制造系统的创建。

2. 成组工艺的基本原理

成组技术是一门涉及多学科的综合性技术，其理论基础是相似性，核心是成组工艺。成组工艺的基本原理是把尺寸、形状、工艺相近似的零件组成一个个零件族(组)，按零件族(组)制定工艺进行生产制造，扩大了批量，减少了品种，便于采用高效的生产方法，提高生产率，从而为多品种小批量生产同时获得规模经济效益开辟了途径。

成组技术的核心和关键是按照一定的相似性准则对产品零件的分类成组。因此，零件相似性，是应用成组技术的基础。零件在几何形状、尺寸、功能要素、精度、材料等方面的相似性为基本相似性，以其为基础，在加工、装配、生产、经营、管理等方面导出的相似性，称为二次相似性。二次相似性是基本相似性的发展，具有重要的理论与应用价值。

3. 零件的相似性

成组工艺的基本原理表明，零件相似性是实现成组工艺的基本条件。成组工艺就是利用零件的基本相似性和二次相似性，使企业得到统一的数据信息，建立集成信息系统，获得经济效益。

所谓零件的相似性，是指零件所具有的各种特征的相似。每种零件都具有多种特征。正是这些特征的组合，才构成区别于其他种零件的一个零件品种。然而，许多零件的某些特征又可能相似或相同，这些相似或相同的特征，就构成了零件之间的相似性。

一种零件往往具有包括结构形状、材料、精度、工艺等多方面的许多特征，这些特征决定着零件之间在结构形状、材料、精度、工艺上的相似性。零件的结构形状相似性包括形状相似和尺寸相似。其中，形状相似的内容又包括零件的基本形状相似、零件上所具的形状要素(如外圆、孔、平面、螺纹、锥体、键槽、齿形等)及其在零件上的布置形式相似；尺寸相似是指零件之间相对应的尺寸(尤其是最大外廓尺寸)相近；零件的材料相似性包括零件的材料种类、毛坯形式及所需进行的热处理方法相似；精度相似则是指零件的对应表面之间精度要求的相似；零件的工艺相似性的内容则包括加工零件各表面所用加工方法和设备相同，零件加工工艺路线相似，各工序所用的夹具相同或相似以及检验所用的测具相同或相似。

零件的结构形状、材料、精度相似性与工艺相似性之间密切相关。结构形状、材料、精度相似决定着工艺相似性。例如，零件的基本形状、形状要素、精度要求和材料，常常决定应采用的加工方法和机床类型；零件的最大外廓尺寸则决定着应采用的机床规格；等等。零件的相似性是零件分类的依据，从企业生产的需要出发，可侧重按照零件某些方面的相似性分类成组(族)。

4. 成组技术的应用与发展

目前，发展成组技术是应用系统工程学的观点，把中、小批生产中的设计、制造和管理等方面作为生产系统的整体，统一协调生产活动的各方面。全面实施成组技术，以取得最优的综合经济效益。以下将从产品设计、制造工艺及生产管理等方面简述成组技术应用。

1）产品设计方面

产品设计图样是后继生产活动的重要依据。用成组技术指导产品设计代替传统的设计方法，可以使设计合理化，扩大和深化设计标准化工作。在深刻认识零件结构和功能的基础上，根据拟定的设计相似性标准，可将设计零件分类成组，并形成设计族，针对设计族制定不同程度的标准化的设计规范，以备设计检索。据统计，当设计一种新产品时，往往有3/4以上的零件设计可参考借鉴或直接引用原有的产品图样，从而减少新设计的零件，这不仅可免除设计人员的重复性劳动，也可以减少工艺准备工作，降低制造费用。以成组技术指导的设计合理化和标准化工作，将为实现计算机辅助设计(CAD)奠定良好的基础。

2）制造工艺方面

成组技术在制造工艺方面最先得到广泛应用。开始是用于成组工序，即把加工方法、安装方式和机床调整相近的零件归结为零件组，设计出适用于全组零件加工的成组工序。成组工序允许采用同一设备和工艺装置，以及相同或相近的机床调整加工全组零件，这样，只要能按零件组安排生产调度计划，就可以大大减少由于零件品种更换所需要的机床调整时间。此外，由于零件组内零件的安装方式和尺寸相近，可设计出应用于成组工序的公用夹具——成组夹具。只要进行少量的调整或更换某些元件，成组夹具就可适用于全组零件的工序安装。成组技术亦可应用于零件加工的全工艺过程。为此，应将零件按工艺过程相似性分类以形成加工族，然后针对加工族设计成组工艺过程。设计成组工艺过程、成组工序和成组夹具皆应以成组年产量为依据，并允许采用先进的生产工艺技术。

以成组技术指导的工艺设计合理化和标准化为基础，不难实现计算机辅助工艺设计及计算机辅助成组夹具设计。

3）生产组织管理方面

成组加工要求将零件按工艺相似性分类形成加工族，加工同一加工族有其相应的一组加工设备。因此，成组生产系统要求按模块化原理组织生产，即采取成组生产单元的生产组织形式。在一个生产单元内有一组工人操作一组设备，生产一个或若干个相近的加工族。在此生产单元内可完成所有零件全部或部分的生产任务。因此，成组生产单元是以加工族为生产对象的产品专业化或工艺专业化(如热处理、磨削成组生产单元等)的生产基层单位。

实施成组技术要求更新生产管理工作方式和内容。例如，生产管理部门在计划安排上应设法把相似零件集中在一起，并在生产调度中保证实现成组加工。若仍采用一般工业上常用的控制成品库、零件库存量的方式组织生产，则达不到减少库存、加速资金周转和缩短生产周期的目标，即不能获得实施成组技术所期望的效果。据报道，采用成组生产单元组织生产可减少在制品数量约60%，缩短生产周期40%～70%。

2.1.2 零件分类编码系统

随着成组技术应用领域的不断扩大和计算机技术的发展，零件分类编码系统(Classing and Coding Systems)在成组技术研究和应用中起着重要的作用，并成为实施成组技术的重要工具。

所谓零件分类编码系统，就是用符号(数字、字母)等对产品零件的有关特征，如功能、几何形状、尺寸、精度、材料以及某些工艺特征等进行描述和标识的一套特定的规则和依据。

1. 零件分类编码系统的结构

1）总体结构

零件分类编码系统大多采用表格形式，由横向分类环节和纵向分类环节两部分组成。

横向分类环节称为码位，主要用于描述零件的类型、形状、尺寸、工艺要素、材料、精度、毛坯等宏观信息分类，常用位数为 9～21 位。码位越多，描述内容越细致，结构越复杂。

纵向分类环节称为码域，主要用于描述宏观信息中分层次的更为细致的结构信息，如非回转体类零件可分为轮盘、环套、销、轴、杆、齿轮、异形件和特殊件等，一般为 10 位，用 0～9 数字表示。

从编码总体结构来看，零件分类编码系统有整体式和分段式两种结构形式：

(1) 整体式结构。整个系统为一整体，中间不分段。通常功能单一，码位较少的分类编码系统常用这种结构形式。

(2) 分段式结构。整个系统按码位所表示的特征性质不同，分成 2～3 段，通常有主辅码分段式和子系统分段式两种形式。分段式结构的分类编码系统在使用上具有较大的灵活性，能适应不同的应用需要。

2) 分类编码系统各码位之间的结构

分类编码系统各码位间的结构有以下三种形式：

(1) 树式结构(分级结构)。在树式结构中，码位之间是隶属关系，即除第一码位内的特征码外，其他各码位的确切含义都要根据前一码位来确定，如图 2-2(a)所示。这种结构的每个特征码有很多分支，很像树枝形状，故称树式结构。树式结构的分类编码系统所包含的特征信息量较多，能对零件特征进行较详细的描述，但结构复杂，编码和识别代码不太方便。

(2) 链式结构(并列结构、矩阵结构)。在链式结构中，每个码位内的各特征码具有独立的含义，与前后位无关，如图 2-2(b)所示。这种结构形式像链条，故称链式结构。链式结构所包含的特征信息量比树式结构少，但结构简单，编码和识别也比较方便。OPITZ 系统的辅助码就属于链式结构形式。

(3) 混合式结构。混合式结构是指同时存在以上所述的两种结构，如图 2-2(c)所示。大多数分类编码系统都采用混合式结构。

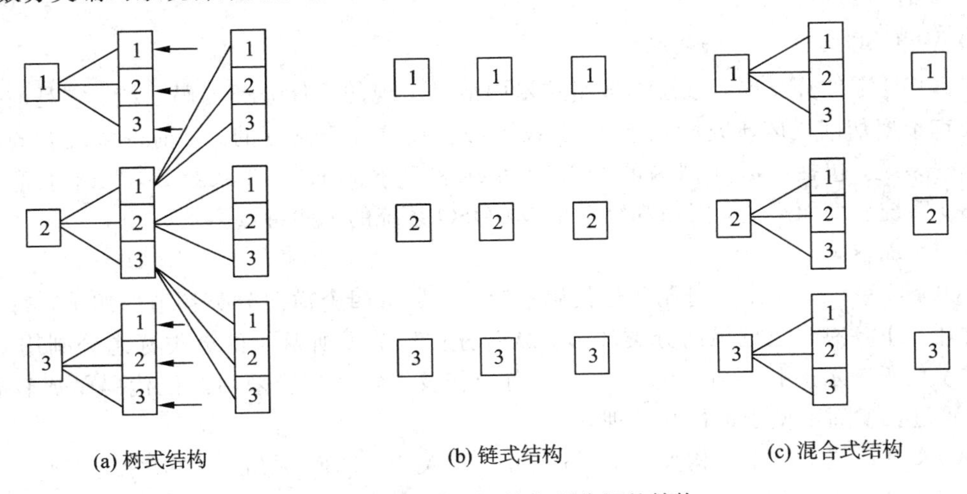

图 2-2　分类编码系统各码位间的结构

2. 零件分类编码系统的信息容量

所谓系统信息容量，就是一个分类编码系统所容纳的零件特征信息总数量，它是评定分类编码系统功能的重要参数。信息容量越大，零件特征就能描述得越详细。系统信息容量取决于系统内码位数量、项数和结构。

设码位数量为 N，每个码位内的项数为 M，则树式结构的信息容量为

$$R_s = \sum Nn = 1Mn$$

例如，图 2-2(a)结构的容量为

$$R_s = \sum Nn = 1Mn = 13 + 33 + 93 = 139$$

链式结构的信息容量为

$$R_l = M \cdot N$$

例如，图 2-2(b)结构的容量为

$$R_l = 3 \times 3 = 9$$

在混合式结构中，设树式结构的码位数为 N_s，链式结构的码位数为 N，而且树式结构的码位在前，则混合式结构中信息容量为

$$R_h = \sum Nn = 1Mn + M \cdot N_L$$

例如，图 2-2(c)结构中信息容量为

$$R_h = \sum Nn = 1Mn + M \times L = 3 + 3 \times 3 + 3 = 15$$

以上的计算公式仅适用于标准结构的系统，而实际使用的分类编码系统并不完全是标准的结构。例如，OPITZ 系统属于混合结构，但不是如图 2-2(c)所示的标准混合式结构，计算它的信息容量时要逐位分析计算。OPITZ 系统共有 9 位码位，其中 1～5 码位为混合式结构，6～9 码位为链式结构，每个码位均有 10 项，每一码位的 10 项分成 7 个组(包含回转件、非回转件和特殊件)，第 2～5 码位都隶属于这 7 个组，呈树式结构，而 7 个组内的第 2～5 码位之间是并列关系。因此，OPITZ 系统的信息容量为

$$R_h = 10 + 7 \times 10 \times 4 + 10 \times 4 = 330$$

3. 零件分类编码系统实例分析

1) VUOSO 零件分类编码系统

VUOSO 零件分类编码系统是成组技术中最早出现的零件分类编码系统。它是前捷克斯洛伐克金属切削机床研究所在卡洛茨(Koloc)教授领导下制订的。目前许多现有的零件分类编码系统，包括前联邦德国的 OPITZ 系统和日本的 KK-I 系统等，大体上都是由 VUOSO 系统演变而来的，因而都继承了 VUOSO 系统的一些特点。

(1) 系统结构。

VUOSO 系统是一个十进制 4 位代码系统，它是由四个横向分类环节所组成，每个横向分类环节下各有自己的纵向分类环节。纵向分类环节上所赋予的分类标志分别用 0～9 十个数字代码表示。由于当时电子计算机尚未普及，当时系统采用四位代码是比较合适的，代码过长反而不便于记忆和处理。

VUOSO 系统的基本结构如图 2-3 所示。有关 VUOSO 系统的详细分类编码，见表 2-1。VUOSO 系统的第一个横向分类环节称为“类”，主要用来区分：回转体类零件、非回转体类零件，以及用除机械加工以外的其他工艺方法(如：弯曲、焊接、成型等)所获得的零件。第一横向分类环节下，设有 8 个纵向分类环节，其中代码 1～5 供回转体(指一般回

转体类和带齿形或花键的回转体类)零件用，6 与 7 供非回转体类(指不规则形体类和箱体类)零件用，8 则供其他工艺方法制成的零件用。在此十进制代码中，尚有 0 与 9 两个代码空着可作备用。

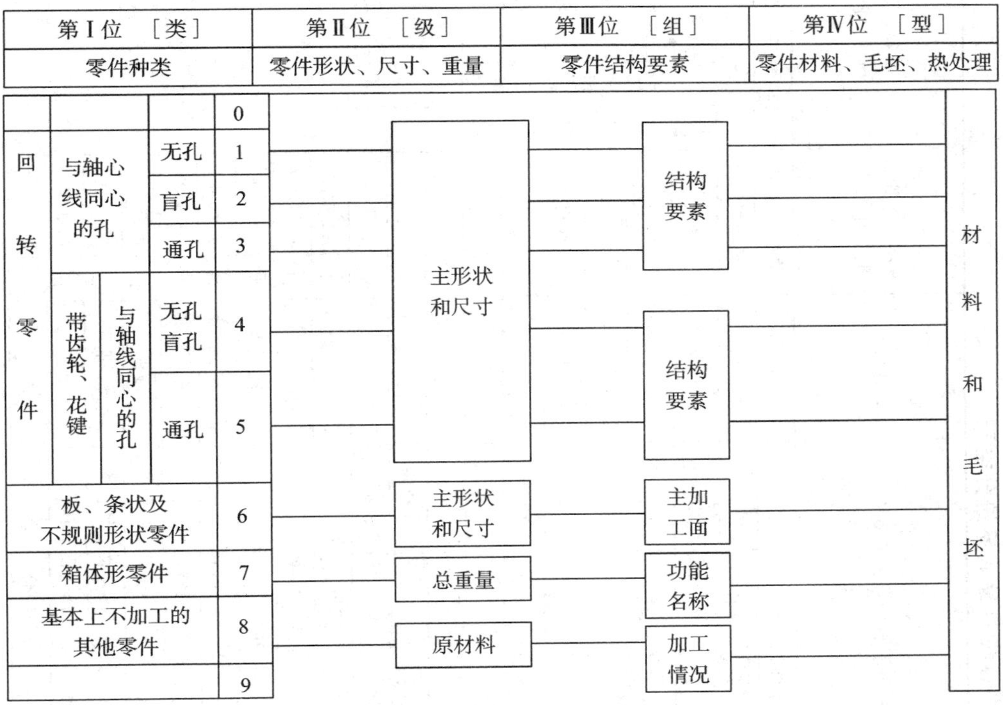

第Ⅰ位　[类]	第Ⅱ位　[级]	第Ⅲ位　[组]	第Ⅳ位　[型]
零件种类	零件形状、尺寸、重量	零件结构要素	零件材料、毛坯、热处理

第Ⅰ位			代码	第Ⅱ位	第Ⅲ位	第Ⅳ位
			0			
回转零件	与轴心线同心的孔	无孔	1	主形状和尺寸	结构要素	材料和毛坯
		盲孔	2			
		通孔	3			
	带齿轮、花键　与轴线同心的孔	无孔 盲孔	4		结构要素	
		通孔	5			
板、条状及不规则形状零件			6	主形状和尺寸	主加工面	
箱体形零件			7	总重量	功能名称	
基本上不加工的其他零件			8	原材料	加工情况	
			9			

图 2-3　VUOSO 系统的基本系统

VUOSO 系统除了结构设计时部分横向分类环节采用关联环节的形式外，另一个措施就是在纵向分类环节上尽量运用多层次的综合分类标志。例如，第一横向分类环节“类”下的第一个纵向分类环节(代码为 1)的分类标志表示：是一个回转体类零件，而且中心线(即回转轴线)上无孔。第二个纵向分类环节(代码为 2)的分类标志表示：是一个回转体类零件，但中心线上有孔，且为盲孔。第三个纵向分类环节(代码为 3)的分类标志表示：是一个回转体类零件，中心线上有孔，且为通孔。第四个纵向分类环节(代码为 4)的分类标志表示：是一个回转体零件，有齿形和花键，但中心线上无孔。第五个纵向分类环节(代码为 5)的分类标志表示：是一个回转体零件，有齿形和花键，且中心线上有孔(包括盲孔和通孔)。从以上列举的这几个代码所表示的分类标志来看；可知其内容均非单一，而是多层次的综合性标志。

VUOSO 系统的第二个横向分类环节称为“级”，主要用来区分零件的大小和质量，与此同时描述零件的基本形状。对于回转体零件，此处采用最大长度 L 与最大外径 D 之比 L/D，区分回转体类零件中的盘盖类、短轴与套筒类、长轴类。可见，利用零件的尺寸关系，既反映了零件的基本形状和尺寸大小，而且还有助于选择加工时所需要的机床规格和装夹方法。根据最大外径 D 可以确定机床的中心高；当 $L/D<1$，一般可用卡盘装夹，$1<L/D<3$时，常用卡盘或卡盘加后顶尖装夹；$3<L/D<10$ 时，则用前后顶尖加拨盘装夹；$L/D>10$ 时，除用前后顶尖加拨盘装夹外，还需用中心架或跟刀架以提高工件的刚度。

表 2－1 VUOSO 零件编码系统分类表

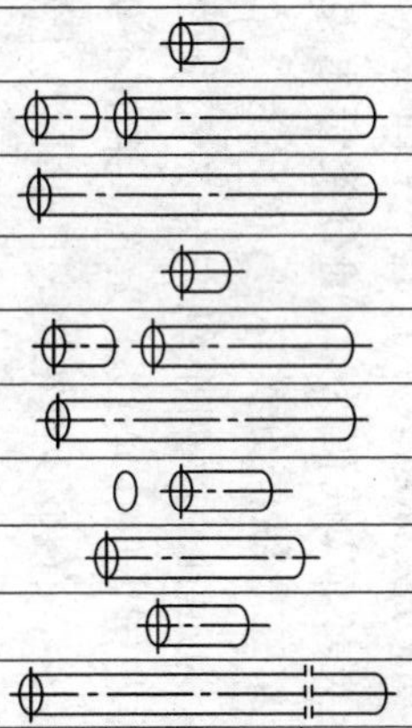

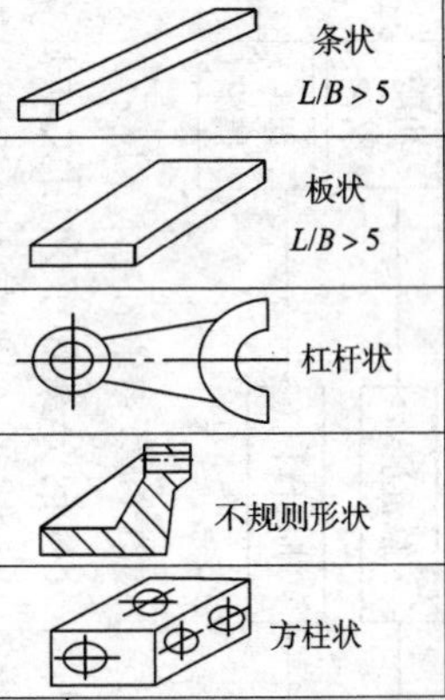

零件种类(Ⅰ)	回转体零件					板、条件及不规则开关的零件	箱体零件	基本上不加工的其他零件	材料、毛坯、热处理(Ⅳ)
	与轴心线同心的孔			带齿轮、花键与轴线同心的孔					
	无孔	盲孔	通孔	无孔、盲孔	通孔				
	1	2	3	4	5				

零件等级(Ⅱ)	D/mm	L/D	总体形状	总体形状	L_{max}/mm	重量/N	原材料种类	材料种类、热处理形式		
0	0～40	<1		条状 L/B>5	0～200	0～300	轧制材料	非金属		
1		1～6			200～	300～2000	棒料	棒料、管料、板料、线料		普通钢
2		>6		板状 L/B>5	0～200	2000～5000	管料		优质钢和合金钢	表面硬度要求
3	10～80	<1			200～	5000～10 000	薄板			热处理
4		1～4		杠杆状	0～200	10 000～	线材			硬度要求
5		>4			200～					其他合金
6	80～200	<3		不规则形状	0～200					有色金属
7		>3			200～			铸件		灰铸铁
8		<3		方柱状	0～200					可锻铸铁、铸钢、闸金钢铸件
9	其他	>30			200～					有色金属铸件

零件组别(Ⅲ)	1, 2, 3	4, 5		6		7	8	
0	形状简单光滑	圆柱齿轮	花键	主要加工面及其相互位置	其他	机架、主轴箱	平直件	不加工
1	带同心螺纹		其他		平面、其他	机座、立柱		局部加工
2	带与轴线不同心孔	锥齿轮	花键		回转面、平行	床身、底座	弯曲件	不加工
3	有花键和槽		其他		回转面、其他	摇臂架、支座		局部加工
4	1+2	蜗轮蜗轩	花键		平面、平行：回转面、平行	工作台、滑鞍	冲压件	不加工
5	1+3		其他		平面、平行：回转面、平行	盖板		局部加工
6	2+3	带两个以上齿轮	花键		平面、其他：回转面、平行	底盘、油箱	焊接件	不加工
7	1+2+3		其他		平面、其他：回转面、其他			局部加工
8	带锥度	其他齿轮	花键		带齿零件			
9	非圆形：多轴心零件		其他			配重		
0	1, 2, 3	4, 5		6		7	8	

注：L—零件长度(mm)
D—零件直径(mm)
B—零件宽度(mm)

虽然有些分类标志似乎属于结构方面，但并非只是单纯反映零件结构特征，也同时反映零件的工艺特征。看似 VUOSO 系统所选用的分类标志是偏重结构的，其实也包含工艺信息。对于非回转体类零件，此处选用零件的最大长度 L 以及长宽比 L/B。利用这样的尺寸关系，可将非回转体类中的杆状、板状和块状等零件区分开来。对于像非回转体类诸如箱体、床身等零件，则用重量 W 来表现该类零件的大小轻重。根据重量考虑所属生产设备的规格，特别是起重运输设备的规格。

VUOSO 系统第三个横向分类环节称为“组”。主要是在上述两个横向分类环节所确定的零件基本形状的基础上，进一步描述零件结构形状的细节。从本书附录中所载详细分类编码表可以看出，对一般回转体零件而言，第一横向分类环节上的代码 1、2 和 3 ，对应第三横向分类环节的一组纵向分类环节；而第一横向分类环节上的代码 4 和 5，则对应着第三横向分类环节的另一组描述齿形和花键的纵向分类环节。

VUOSO 系统的第四个横向分类环节称为“型”，主要用来表示零件所用的材料和毛坯种类，这个横向环节是独立环节。它并不从属于前面的横向分类环节。

（2）应用实例。

下面拟举实例来说明 VUOSO 系统“以数代形”的绝妙作用。图 2－4 为两个零件的具体结构形状，其中一个是属于回转体类零件的法兰盘，另一个是属于非回转体类零件的支承板。采用 VUOSO 系统对它们进行分类编码的结果如图 2－5 所示。可以看出，利用一个四位数码，就能勾画出一个零件的形状、尺寸和材料。原本需要用冗长而复杂的文字或语言才能说清楚的概念，如今只需简单地用几个数码就能大体上交代清楚。因此，在成组技术条件下，除了传统的工程图外，分类编码将是另一种通行的工程语言。

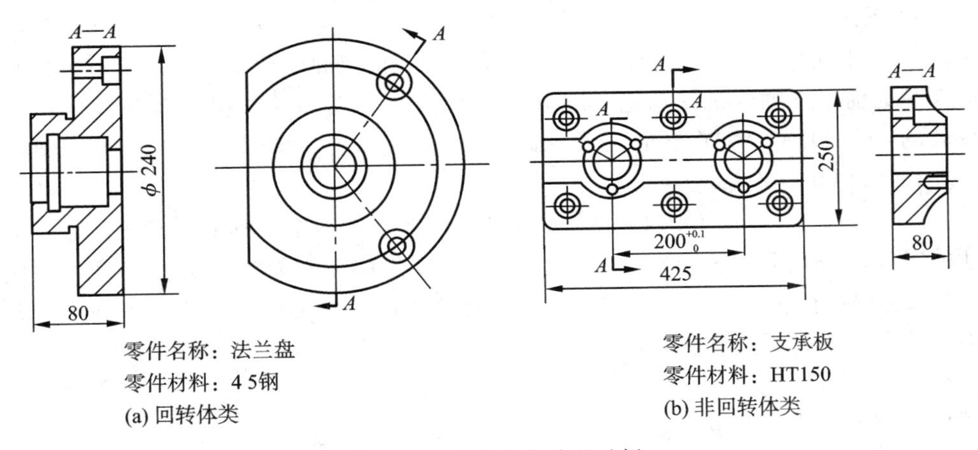

图 2－4 零件分类编码示例

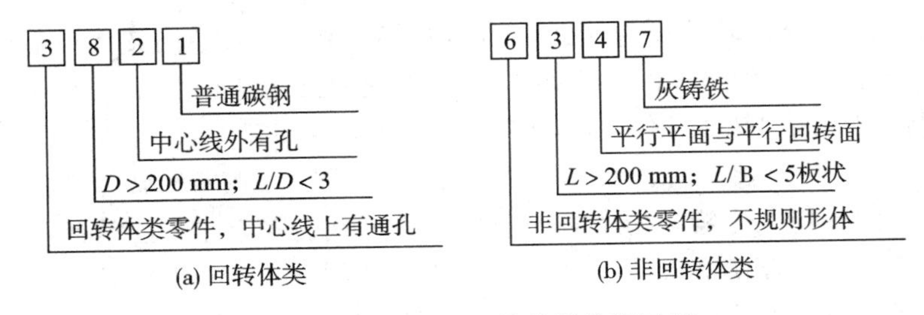

2－5 按 VUOSO 系统分类编码示例

(3) 系统特点。

① 该系统的结构简单，使用方便，容易记忆。

② 在选用分类标志上，采用了多层次的综合分类标志，减少了分类环节，使系统的结构比较紧凑。

③ 能用一个分类标志而提供尽可能多的结构—工艺信息。对于回转体类零件采用 D 与 L/D 作为尺寸标志，既表示了这类零件尺寸大小，又刻画了零件的基本形状，同时也反映了零件的工艺特点，有助于选择和确定零件的安装方法和设备规格。对于非回转体类零件采用 L 与 L/B 作为尺寸标志，也具有同样效果。对于大型零件考虑重量作为分类标志也很有意义。

④ 系统中首先采用了“三要素完全组合”的编排分类标志的原理。这是一种便于记忆的编排分类标志方法。即：先选定三个基本分类标志，然后将此三个基本标志进行完全组合而派生出其他综合标志。如表 2－1 中第三个横向分类环节中的前三个纵向环节为基本分类标志，经过完全组合，得出 1＋2、1＋3、2＋3、1＋2＋3 四个综合分类标志，总共形成 7 个分类标志。

⑤ 系统的不足之处在于横向分类环节数较少，所容纳的纵向分类环节也少，零件特征描述较粗。

总体来说，在早期的零件分类编码系统中，VUOSO 是一种简洁实用的系统。它所首创的零件尺寸关系、三要素完全组合，关联环节结构、多层次的分类标志等原理和方法，至今仍为许多零件分类编码系统所沿用。

2) OPITZ 零件分类编码系统

OPITZ 系统是一个十进制的九位代码的混合结构分类编码系统。它是由前联邦德国阿亨(Aachen)工业大学奥匹兹(H. Opitz)教授领导的机床和生产工程实验室开发的。这一系统原来是为前联邦德国机床制造商协会(VDW)调查统计机床产品中各类零件构成和分布而设计的，曾经用过 VDW 零件分类编码系统的名称。鉴于它是 H. Opitz 教授领导开发的，习惯上称为 OPITZ 系统。

(1) 系统结构。最早的 OPITZ 系统只有五位代码，即后来所称的形状码，由于缺少表示尺寸的码位，OPITZ 系统因在反映零件生产与工艺特征方面较为欠缺而受到质疑。后来，H. Opitz 教授在原来五位形状码之后，又增补了四位辅助码，以便亡羊补牢。增补的辅助码中的第一位码便是尺寸码，对于回转体类零件是其最大直径 D，对于非回转体类零件是其最大长度 A。

OPITZ 系统的基本结构，如表 2-2 和表 2-3 所示。

OPITZ 系统前面五个横向分类环节主要用来描述零件的基本形状要素。第一个横向分类环节主要用来区分回转体类与非回转体类的零件类别。对于回转体类零件，它用 L/D 来区分盘状、短轴和细长轴类零件。接着提出了回转体类零件中的变异零件和特殊零件，如：用各种多边形钢制成的回转体零件、偏心零件和多轴线零件等。对于非回转体类零件，则用 A/B、A/C(A>B>C)来区分杆状、板状和块状类零件。同样，在非回转体零件中也考虑了特殊形状零件。系统的第二个横向分类环节至第五个横向分类环节，则是针对第一个横向分类环节中所确定的零件类别的形状，作进一步描述并细分。对于无变异的正规回转体类零件，则按外部形状→内部形状→平面加工→辅助孔、齿形和成型加工这样的顺序细分。

表 2-2　OPITZ 零件分类编码系统基本结构

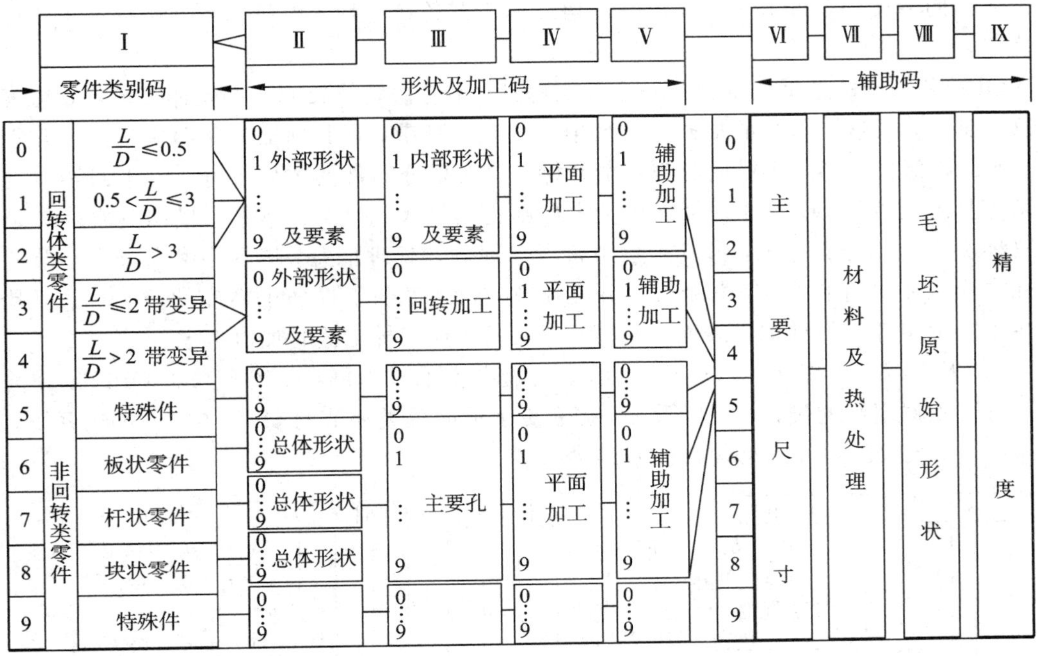

I 零件类别码			II 形状及加工码	III	IV	V	辅助码	VI	VII	VIII	IX
0	回转体类零件	$\frac{L}{D}\leqslant 0.5$	0…9 外部形状及要素	0…9 内部形状及要素	0…9 平面加工	0…9 辅助加工	0	主要尺寸	材料及热处理	毛坯原始形状	精度
1		$0.5<\frac{L}{D}\leqslant 3$					1				
2		$\frac{L}{D}>3$					2				
3		$\frac{L}{D}\leqslant 2$ 带变异	0…9 外部形状及要素	0…9 回转加工	0…9 平面加工	0…9 辅助加工	3				
4		$\frac{L}{D}>2$ 带变异					4				
5	非回转类零件	特殊件	0…9	0…9	0…9	0…9	5				
6		板状零件	0…9 总体形状	0…9 主要孔	0…9 平面加工	0…9 辅助加工	6				
7		杆状零件	0…9 总体形状				7				
8		块状零件	0…9 总体形状				8				
9		特殊件	0…9	0…9	0…9	0…9	9				

表 2-3　OPITZ 零件分类编码系统第 0，1，2 类零件分类表

第 I 位

项	零件类别	
0	回转体类零件	$\frac{L}{D}\leqslant 0.5$
1		$0.5<\frac{L}{D}\leqslant 3$
2		$\frac{L}{D}\geqslant 3$

第 II 位

项	外形、外表要素	
0	光滑、无形状要素	
1	单向台阶或光滑	无形状要素
2		带螺纹
3		带功能槽
4	双向台阶(多次增大)	无形状要素
5		带螺纹
6		带功能槽
7	功能锥度	
8	传动螺纹	
9	其他(>10个功能直径)	

第 III 位

项	外形、外表要素	
0	无通孔、无盲孔	
1	光滑或单向台阶	无形状要素
2		带螺纹
3		带功能槽
4	双向台阶(多次增大)	无形状要素
5		带螺纹
6		带功能槽
7	功能锥度	
8	传动螺纹	
9	其他(>10个功能直径)	

第 IV 位

项	外形、外表要素
0	无平面加工
1	外部的：平面和/或单向弯曲的面
2	外部的平面：沿圆周相互成分度关系
3	外部的：槽和/或缝
4	外部的：花键和/或多边形
5	外部的：平面和/或缝和/或槽、花键
6	内部的：平面和/或槽
7	内部的：花键和/或多边形
8	外部及内部的：键和/或缝和/或槽
9	其他

第 V 位

项	外形、外表要素	
0	无齿	无辅助孔
1		轴向孔、无节距关系
2		轴向孔、有节距关系
3		径向孔、无节距关系
4		轴向和/或径向和/或其他方向的孔，有节距关系
5		轴向和/或径向和/或其他方向的孔，有节距关系
6	有齿	圆柱齿轮的齿
7		锥齿轮的齿
8		其他齿
9		其他

对于有变异的非正规回转体零件，则按总体形状→回转加工→平面加工→辅助孔、齿形和成型加工的顺序细分。对于非回转体类零件，则按总体形状→主要孔→平面加工→辅

助孔、齿形与成型加工的顺序细分。对于回转体类与非回转体类中的特殊零件，则其第二至第五横向分类环节的分类标志内容均留给用户按各自产品中的特殊零件结构和工艺待征来确定。

OPITZ系统的辅助码部分是一个公用部分。不论回转体类或非回转体类零件，均需用到这一部分，故这一部分的横向分类环节皆为独立环节，与其前面的所谓主码部分互不相干。辅助码部分从第六个横向分类环节开始，用来划分零件的主要尺寸。对于回转体类零件是指其最大直径 D；对于非回转体类零件则指其最大长度 A。第七个横向分类环节是以材料种类作为其分类标志，但其中也附带考虑部分热处理信息。第八个横向分类环节的分类标志为毛坯原始形状。第九个横向分类环节，则是说明零件加工精度的分类标志，其作用在于提示零件上何种加工表面有精度要求，以便在安排工艺时加以考虑。

(2) 应用实例。图2-6以前面所示法兰盘和支承板为例，介绍了采用OPITZ分类系统进行了零件编码的过程。可以看出，拥有更多横向分类环节的OPITZ零件编码系统，比VUOSO系统反映零件的结构特征要详尽的多。

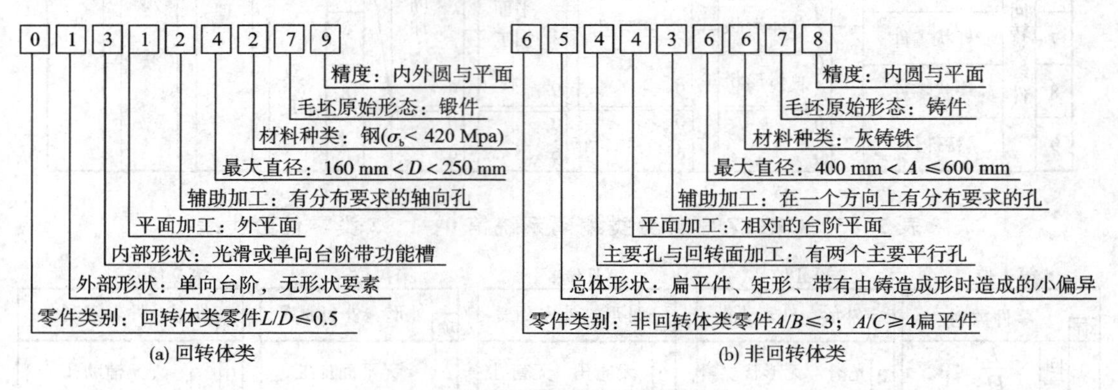

图2-6 按OPITZ系统分类编码示例

(3) 系统特点。

a. 系统的结构也较简单，仅有九个横向分类环节，因此便于记忆和手工分类。

b. 系统的分类标志虽然形式上偏重零件结构特征，但是实际上隐含着工艺信息。例如，零件的尺寸标志，既反映零件在结构上的大小，同时也反映零件在加工中所用机床和工艺装备的规格大小。系统在横向分类环节前后顺序的安排上采用外部形状→内部形状→平面加工→辅助孔、齿形与成型加工的这一顺序，本身就体现了回转体零件工艺过程的基本工艺顺序，因此这也隐含着工艺特征。

c. 虽然系统考虑了精度标志，但是由于零件既有尺寸精度，又有几何形状精度和相位置精度，所以单用一个横向分类环节来表示似嫌不够，不过这总比不设精度环节要好得多。

d. 纵向分类环节的信息排列中，结构上欠严密，易出现多义性。

3) KK-3零件分类编码系统

KK-3系统是由日本通产省机械技术研究所提出草案，后经日本机械振兴协会成组技术研究会多次讨论修改，然后通过有关企业的实际使用，并对使用中出现的问题进行修订后，于1976年定稿颁布。KK-3系统是一个供大型企业用的十进制21位代码的混合结构系统。系统基本结构如表 2－4 和表 2－5 所示，详细分类表可参阅本书附录。

表 2－4　KK－3 零件分类编码系统基本结构(回转体类)

码位	Ⅰ	Ⅱ	Ⅲ	Ⅳ	Ⅴ	Ⅵ	Ⅶ	Ⅷ	Ⅸ	Ⅹ	Ⅺ	Ⅻ	ⅩⅢ	ⅩⅣ	ⅩⅤ	ⅩⅥ	ⅩⅦ	ⅩⅧ	ⅩⅨ	ⅩⅩ	ⅩⅪ
分类项目	功能名称		材料		主要尺寸		基本形状及主要尺寸比	各部形状与加工													精度
								外表面						内表面			端面	辅助孔		非切削加工	
	粗分类	细分类	粗分类	细分类	长度(*L*)	直径(*D*)		基本外形	同心螺纹	功能槽	异形部分	成形（平）面	周期性表面	内扩形状	内曲面	内平面与内周期面		规则排列	特殊孔		

KK－3 系统将零件分成回转体与非回转体两大类。最前面 7 个横向分类环节的分类标志，对于两类零件来说，基本上相同。但是，从第八个横向分类环节开始，这两类零件便有各自独立的一套关于各部形状和加工的分类表，彼此不得混淆。KK－3 系统采用了多环节的方式，因而它容纳的分类标志数量多，对零件的结构工艺特征描述更细。KK－3 系统用了 12 个横向分类环节来表示零件的“各部形状与加工”。以回转体类零件为例，描述零件外部形状的横向分类环节有 6 个，而 OPITZ 系统的同类分类环节只有 1 个。

表 2－5　KK－3 零件分类编码系统基本结构(非回转体类)

码位	Ⅰ	Ⅱ	Ⅲ	Ⅳ	Ⅴ	Ⅵ	Ⅶ	Ⅷ	Ⅸ	Ⅹ	Ⅺ	Ⅻ	ⅩⅢ	ⅩⅣ	ⅩⅤ	ⅩⅥ	ⅩⅦ	ⅩⅧ	ⅩⅨ	ⅩⅩ	ⅩⅪ
分类项目	功能名称		材料		主要尺寸		外廓形状与尺寸比	各部形状与加工													精度
								弯曲形状		外表面				主孔		主孔以外的内表面	辅助孔			非切削加工	
	粗分类	细分类	粗分类	细分类	*A*（长度）	*B*（宽度）		弯曲方向	弯曲角度	外平面	外曲面	主成型表面	周期面与辅助成形面	方向与阶梯	螺纹与成形面		方向	形状	特殊孔		

图 2－7 表示按 KK－3 系统对图 2－4 所示法兰盘和支承板零件进行分类编码。

4) JLBM－1 零件分类编码系统

JLBM－1 零件分类编码系统是我国机械工业部下属的设计研究总院等单位为在机械加工中推行成组技术而开发的一种零件分类编码系统。这一系统经过先后四次的修订，已于 1986 年作为标准颁布实施。

(1) 系统结构。

JLBM－1 系统是一个十进制 15 位代码的主辅码组合系统。每一个码位由从 0～9 的 10 个数码表示不同的特征项号。15 个码位中，第一、二码位为名称类别矩阵(其中第一位为名称类别粗分类，如轮盘类、环套类、齿轮类、箱壳体类等，第二位为名称类别细分类，如垫圈片、环、套、螺母等)，用以描述零件的主要形状和功能；第三至第九码位为形状和加工码位，用以描述零件外部形状、内部形状、平面、曲面的加工及其他辅助加工；第十到第十五码位为辅助码位，用以描述零件的材料、毛坯、热处理、主要尺寸与精度。

(a) 回转体类	码
零件功能：回转体类零件、支承体	2
零件名称：法兰盘	7
材料：普通碳钢（σ_b<420MPa）不热处理	1
毛坯原始形状：热锻件	7
主要外形尺寸：50 mm<L<100 mm	2
主要外形尺寸：160 mm<D<240 mm	4
基本形状和主要尺寸比：L/D<0.5	0
基本外形：单向台阶	1
同心螺纹：无	0
功能槽：无	0
不规则形状：无	0
平面：切口	1
周期表面：无	0
基本内形：台阶通孔、有功能面	3
特殊内形：无	0
内平面与内周期表面：无	0
端面：平整	0
辅助孔的排列位置：轴向孔	1
辅助孔孔型：埋头孔	1
非切削加工：无	0
精度：内外圆与平面	3

(b) 非回转体类	码
零件功能：非回转体类零件、支承体	7
零件名称：垫块	5
材料：低强度灰铸铁	0
毛坯原始形状：铸件	0
主要外形尺寸：360 mm<A<600 mm	6
主要外形尺寸：240mm<B<360 mm	5
基本形状与尺寸比	1
弯曲方向：无	0
弯曲角度：无	0
外形平面：两侧台阶平等平面	3
外形曲面：无	0
主成形面：无	0
周期面与辅助成形面：无	0
主孔：两个平行光滑主孔	3
内螺纹与内成形面：无	0
主孔以外内表面：无	0
辅助方向：单侧单向排列孔	2
辅助孔形状：台阶孔	1
特殊孔：无	0
非切削加工：无	0
精度：孔与平面	2

(a) 回转体类　　(b) 非回转体类

图 2-7　按 KK-3 系统分类编码示例

其结构可以说是 OPITZ 系统和 KK-3 系统的结合。它克服 OPITZ 系统的分类标志不全和 KK-3 系统环节过多的缺点，基本结构如表 2-6 所示。

表 2-6　JLBM-1 零件分类系统基本结构

码位	Ⅰ	Ⅱ	Ⅲ	Ⅳ	Ⅴ	Ⅵ	Ⅶ	Ⅷ	Ⅸ	Ⅹ	Ⅺ	Ⅻ	ⅩⅢ	ⅩⅣ	ⅩⅤ
分段	零件名称类别码		形状及加工码							辅助码					
内容	零件名称类别粗分	零件名称类别细分								材料	毛坯原始形状	热处理	主要尺寸：直径或宽度	主要尺寸：长度	精度
回转体类零件（0～4）			外部形状及加工：基本形状	外部形状及加工：功能要素	内部形状及加工：基本形状	内部形状及加工：功能要素	平面、曲面加工：外平面端面	平面、曲面加工：内平面	辅助加工：辅助孔成形刻线						
非回转体类零件（5～9）			外部形状及加工：基本形状	外部形状及加工：平面加工	外部形状及加工：曲面加工	外部形状及加工：外形要素	主孔及内部加工：主孔加工	主孔及内部加工：内部加工	辅助加工：辅助孔成形						
码值	0～9		0～9							0～9					

有关 JLBM-1 系统的详细分类表见本书的附录。将表 2-2 与表 2-6 作对比，便可看

出JLBM－1系统的结构基本上和OPITZ系统相同。只是为了弥补OPITZ系统的不足，它把OPITZ系统的形状加工码予以扩充，把OPITZ系统的零件类别码改为零件功能名称码，把热处理标志从OPITZ系统中的材料热处理码中独立出来，主要尺寸码也由原来一个环节扩大为两个环节。因为系统采用了零件功能名称码，所以说它也吸取了KK－3系统的特点。此外，扩充形状加工码的做法也和KK－3系统的想法相近。

JLBM－1系统是作为我国机械行业在机械加工中推行成组技术用的一种零件分类编码系统，其目标是力求能满足行业中各种不同产品零件的分类之用。但机械产品小如精密仪表，大如重型机械，产品零件的品种范围极广，所以想要用一个产品零件分类编码系统包罗万象，是不大可能的。为此，系统中的形状加工环节完全可以由企业根据各自产品零件的结构工艺特征自行设计安排。而零件功能、名称、材料种类、毛坯类型、热处理、主要尺寸和精度等环节则应该成为JLBM－1系统的基本组成部分。

(2) 应用实例。

图2－8以前面所示法兰盘和支承板零件为例，采用JLBM－1分类系统进行零件编码。

表2－7　JLBM－1分类编码系统名称类别分类

			0	1	2	3	4	5	6	7	8	9
0	回转体类零件	轮盘类	盘、盖	防护盖	法兰盘	带轮	手轮、捏手	离合器体	分度盘	滚轮	活塞	其他
1		环套类	垫圈、片	环套	螺母	衬套、轴套	外螺纹套、指管接头	法兰套	半联轴节	油缸、气缸		其他
2		销、杆、轴类	销、堵、短圆柱	圆柱、圆管	螺杆、螺栓、螺钉	阀杆、阀芯、活塞杆	短轴	长轴	蜗杆、丝杆	手把、操纵杆		其他
3		齿轮类	圆柱外齿轮	圆柱内齿轮	锥齿轮							其他
4		异形件	异形盘套	弯管接头、弯头	偏心件	扇形件、弓形件	叉形接头、叉轴	凸轮、凸轮轴	阀体			其他
5		专用件										其他
6	非回转体类零件	杆条件	杆、条	杠杆、摆杆	连杆	撑杆、拉杆	扳手	键镶(压)条	梁	齿条	拨叉	其他
7		板块类	板、块	防护板、盖板、门板	支承板、垫板	压板、连接板	定位块、棘爪	导向块、导向板、滑板	阀块分油器	凸轮板		其他
8		座架类	轴承座	支座	弯板	底座、机架	支架					其他
9		箱壳体类	罩、盖	容器	壳体	箱体	立柱	机身	工作台			其他

(3) 系统特点。

a. 横向分类环节适中，结构简单明确，规律性强，便于理解记忆。

b. 力求能够满足机械行业各种不同零件分类，在形状及加工码上有广泛性。

c. 吸收了KK－3系统零件功能名称分类标志，有利于设计部门使用。但是将与设计较密切的某些码位放到辅助码中，分散了设计检索环节。

d. 只在横向分类环节第Ⅰ、Ⅱ位间为树式结构，其余均为链式结构，存在标志不全的现象，如用热处理组合在系统中无反映。

名称类别组分：回转体类、轮盘类	0
名称类别细分：法兰盘	2
外部基本形状：单向台阶	1
外部功能要素：无	0
内部基本形状：双向台阶通孔	5
内部基本要素：有环槽	1
外平面与端面：单一平面	1
内平在：无	0
非同轴线孔：均布轴线孔	1
材料：普通钢	2
毛坯原始形状：锻件	6
热处理：无	0
主要尺寸（直径）：$160\ \text{mm}<R<400\ \text{mm}$	5
主要尺寸（长度）：$50\ \text{mm}<L<120\ \text{mm}$	1
精度：内、外圆与平面	3

(a) 回转体类

名称类别组分：非回转体、板块类	7
名称类别细分：支承板	1
外部总体形状：由直线与曲线组成轮廓	1
外部平面加工：侧平行平面	2
外部曲面加工：无	0
外部形状要素：无	0
主孔加工：无螺纹多轴线孔	3
内部加工：无	0
辅助加工：其他	2
材料：灰铸钢	0
毛坯原始形状：铸件	5
热处理：无	0
主要尺寸（宽度）：$180\ \text{mm}<B<410\ \text{mm}$	7
主要尺寸（长度）：$250\ \text{mm}<L<500\ \text{mm}$	5
精度：内孔与平面	3

(b) 非回转体类

图 2-8　按 JLBM-1 系统分类编码示例

4. 零件分类编码系统的建立

零件的特征及其分布规律是建立分类编码系统重要的科学依据，因此，在建立零件分类编码系统之前，必须先完成对所有零件特征的调研分析。在此之前，应首先确定编码系统的用途，因为使用的目的和要求的不同，会直接影响相关特征的选择。例如，对于设计检索来说，公差是不重要的，但对于制造来说，公差却是一种重要特征。

通常一个企业(或行业)使用的分类编码系统应能简便而有效地反映本企业所有产品零件的有关特征。要获得本企业(或行业)零件特点及分布的资料，就要对零件进行统计分析，这是建立分类编码系统的一个重要步骤。例如，研制 OPITZ 系统时，曾对 26 个企业的 45 000 种零件进行了统计分析。

零件统计分析的内容一般有以下 7 个方面：

(1) 零件的种类，如机加件、钣金件、焊接件等。

(2) 零件的形状、尺寸及其分布规律。

(3) 形状要素的出现规律和内在联系。

(4) 材料种类。

(5) 毛坯形式。

(6) 精度。

(7) 其他工艺特征(如加工方法、设备等)。

如果零件的种数很多，则不一定要对所有的零件都进行统计。可以选择一些具有代表性的零件，特别是本企业(行业)主要产品的零件进行统计分析。但是统计的范围也不能太窄，零件种数不能太少。否则，将影响统计结果的准确性。

在零件统计分析所获取资料的基础上，可以进行相关特征的选择，并确定系统的总体结构、码位数、码位间的结构、码位排列的顺序、代码使用的数制(二进制、八进制、十进制、十六进制、字母数字型等)、码位内信息排列方式等。最后，经在一定范围内的试用，对系统方案进行修改、扩充和完善，而形成一个完整有效的零件分类编码系统。

5. 柔性编码系统

VUOSO、OPITZ、KK－3、JLBM－1 等系统属于刚性分类编码系统，其缺点是：

(1) 不能完整、详尽地描述零件结构特征和工艺特征；

(2) 代码描述存在多义性：

(3) 不能满足生产系统中不同层次、不同方面的需要。

刚性分类编码系统存在的缺点，用传统分类编码的概念和理论是无法解决的。所以柔性编码系统的概念和理论应运而生。柔性分类编码的概念是由相对传统的刚性分类编码概念提出来的，它是指分类编码系统横向码位长度可以根据描述对象的复杂程度而变化，即没有固定的码位设置和码位含义。

柔性编码结构模型为：柔性编码＝固定码＋柔性码。

固定码继承了刚性编码系统结构简单、便于标识的优点：主要用于零件分类、检索和描述零件的整体信息。如类别、总体尺寸、材料等；与传统编码系统相似，柔性码主要描述零件各部分详细信息，如形面的尺寸、精度、形位公差等，主要用于加工、检测等环节。因此，在设计固定编码时，力求简单明了，突出反映零件分类、零件整体结构和零件综合信息，如材料、毛坯、热处理等，尽量选用或参考现有的比较成熟的零件分类编码系统，在设计柔性编码时，要面向形状特征详细地描述零件及其形状要素。

我国的 JLBM－1 克服了 OPITZ 系统的分类标志不全和 KK－3 系统环节过多的缺点，功能强且易于使用，所以固定编码选用该系统作为参考系统。去掉 JLBM－1 中的第三码位到第九码位，把主要尺寸码提于前端，吸收 KK－3 对尺寸描述的特点，再加上尺寸比这一项，这样对主要尺寸的描述比较全面。JBLM－1 对材料描述较粗，只描述了材料类型，因此应该补充材料牌号码使材料类型和材料牌号构成树状结构关系，考虑到零件搬运和装卸因素，增加反映零件重量的码位。经过 JLBM－1 修改而用于固定编码部分的系统，结构如表 2－8 所示。

表 2－8　JLBM－1 固定编码系统结构

<table>
<tr><td rowspan="2">码位</td><td colspan="10">一级综合代码(固定码)</td></tr>
<tr><td>一</td><td>二</td><td>三</td><td>四</td><td>五</td><td>六</td><td>七</td><td>八</td><td>九</td><td>十</td></tr>
<tr><td rowspan="2">回转体</td><td colspan="2">类别码</td><td colspan="3">尺寸码 A>B>C</td><td colspan="2">材料码</td><td rowspan="4">毛坯码</td><td rowspan="4">热处理码</td><td rowspan="4">零件重量码</td></tr>
<tr><td rowspan="3">零件名称类别粗分</td><td rowspan="3">零件名称类别细分</td><td rowspan="3">最大长度A或L</td><td rowspan="3">最大直径D或宽度B</td><td>长L径/比D</td><td rowspan="3">材料大类</td><td rowspan="3">材料牌号</td></tr>
<tr><td rowspan="2">非回转体</td><td rowspan="2">长A高/比C</td></tr>
<tr></tr>
</table>

下面介绍南京航空航天大学研究的柔性、分层次结构零件分类编码系统。它的柔性码

是面向形状特征的框架结构二级形状代码，基本结构如图 2-9 所示。它的编码顺序为深度优先，主要素用两位整数表示，辅助要素用大写英文字母表示，具体特征用小写英文字母表示。二级形状码采用框架结构，在编码形成一块整体知识。它侧重于从语义方面对形面进行描述，没有描述形面的量值参数，而是在必要时由人工补充输入信息(如尺寸、公差等)，所以，南航的柔性编码系统也存在包含信息不完备的问题。如果完全采用它的编码方法，会造成信息含量不全和有些信息重复描述的问题。

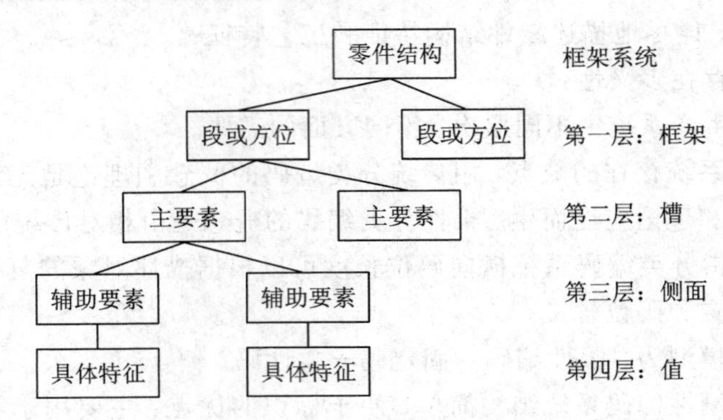

图 2-9　二级形状码的基本结构

2.1.3　零件分类成组方法

所谓零件分类成组，就是按照一定相似性准则，将品种繁多的产品零件划分为若干个具有相似特征的零件族(组)。一个零件族(组)是某些特征相似的零件组合。正确地规定每一组零件的相似性程度十分重要，相似性要求过高，则会出现零件组数过多，而每组内零件数目又很少的情况；相反，如果每组内零件相似性要求过低，则难以取得良好的技术经济效果。零件分类成组的基本方法主要有视检法、生产流程分析法和分类编码法。

1. 检视法

该方法是由人直接观测零件图或实际零件以及零件的制造过程，并依靠人的经验和判断，对零件进行分类成组。这种方法十分简单，在生产零件品种不多的情况下，可取得成功。但当零件种数比较多时，由于受人的观测和判断能力的限制，往往难以获得满意的结果。

2. 生产流程分析法

生产流程分析(Production Flow Analysis，PFA)建立在分析工厂目前正在采用的零件工艺过程的基础上，把工艺相似的零件归为一类，形成加工族。这种方法只涉及零件的制造方法，而不考虑零件设计特征的相似性。生产流程分析包括工厂流程分析、车间流程分析和单元流程分析等。其中车间流程分析是通过分析全部被加工零件的工艺路线，识别出客观存在的零件工艺相似性，从而划分出零件族。这种方法仅适用于成组工艺。

生产流程分析法是英国的伯贝奇(J. L. Burbidge)教授首先提出，并在成组工艺的实践中获得成功应用的。具体方法有关键机床法、聚类分析法等。

1) 关键机床法

关键机床法划分零件族，通常按下列步骤进行：

(1) 整理和修订设备清单、每种零件工艺路线卡、产品零件明细表等资料。例如，表 2-9所示的是 10 个零件根据其工艺路线卡归纳而成的工艺路线表，共使用了 8 台机床。

(2) 求出基本零件组，具体步骤包括形成机床使用表、选择关键机床(通常选择加工零件种数最少的机床为关键机床)、形成基本组。在表 2－9 中，机床 1，6，8 使用较多为关键机床，按关键机床找出各自的基本零件。

(3) 将基本组合分成零件组和机床组，这项工作与人的经验和判断有很大关系，存在一定的灵活性。表 2－10 将 10 种零件分成 3 个零件组。

(4) 检查机床负荷，进行机床负荷平衡。

表 2－9　分组前零件工艺路线

零件＼机床	1	2	3	4	5	6	7	8
1	O		O			O		O
2	O					O		
3		O			O			O
4	O		O			O		
5				O			O	
6		O			O			O
7					O			O
8	O		O			O		
9				O			O	
10		O					O	

表 2－10　分组后零件工艺路线

零件＼机床	1	6	3	8	5	2	7	4
1	O	O	O	O				
4	O	O	O					
8	O	O	O					
2	O	O						
3				O	O	O		
6				O	O	O		
7				O	O			
10						O	O	
5							O	O
5							O	O

2) 聚类分析法

聚类分析法是用一些数学方法来定量确定零件之间的相似程度，进行聚类成组。由于所用数学方法不同，有单链聚类、循序聚类、排序聚类等方法。

(1) 单链聚类分析法。单链聚类分析法(Single Linkage Cluster Analysis Method)是通过计算零件之间的相似系数进行聚类，因此该法有两个过程：一是计算相似系数，二是进行单链聚类。

① 相似系数的计算。定义下式为两个零件的相似系数：

$$S_{ij}=\frac{N_{ij}}{N_{ij}+N_i+N_j}=\frac{N_{ij}}{N_I+N_J-N_{ij}}$$

式中，S_{ij}为零件 X_i 与零件 X_j 之间的相似系数；N_{ij}为零件 X_i 与零件 X_j 共同使用的机床数；N_i为零件 X_i 单独使用的机床数；N_j 为零件 X_j 单独使用的机床数；N_I 为零件 X_i 使用的机床数，$N_i=N_I-N_{ij}$；N_J 为零件 X_j 使用的机床数，$N_j=N_J-N_{ij}$。

一对零件的工艺过程中，共同使用的机床数越多，相似程度就越高。若加工机床的类型与数量完全相同，则 $S_{ij}=1$；若无共用的机床，则 $S_{ij}=0$。因此，一般相似系数的值在0～1之间变化。若有 n 个零件，则需计算的相似系数总数为 $n(n-1)/2$。

② 单链聚类。单链聚类首先从相似系数最大的一对零件开始，然后按相似系数递减顺序依次聚类。高一级聚类与次一级聚类用单链形式连接，形成聚类树状图。根据不同相似性的要求，即可从树状图中得出相应的零件分类成组。

下面以表 2-9 的零件工艺路线为例，用单链聚类分析法进行分类成组。

a. 计算各零件之间的相似系数，得出原始相似系数矩阵。由于该矩阵是对称的，故只要写出一半。表 2-11 为所建立的相似系数矩阵。

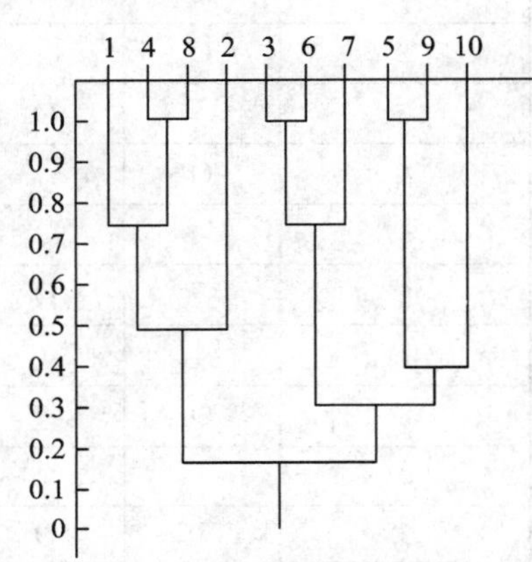

图 2-10　聚类树状图

b. 根据原始相似系数矩阵，画出聚类树状图，如图 2-10所示。从图中可以看出，如果选定相似系数为0.5，则从相似系数 0.5 处画一横线，它与树枝的交点即为零件分组数，这时共有 4 组：

表 2-11　相似系数矩阵

相似系数 零件 / 零件	X1	X2	X3	X4	X5	X6	X7	X8	X9	X10
X1										
X2	0.50									
X3	0.17	0								
X4	0.75	0.67	0							
X5	0	0	0	4						
X6	0.17	0	1	0	0					
X7	0.20	0	0.67	0	0	0.67				
X8	0.75	0.67	0	1	0	0	0			
X9	0	0	0	0	1	0	0	0		

第 1 组　零件 1，4，8，2，共 4 件；

第 2 组　零件 3，6，7，共 3 件；

第 3 组　零件 5，9，共 2 件；

第 4 组　零件 1 0，只有 1 件。

如果相似系数为 1，则零件分为 7 组；若相似系数为 0.3，则零件分为 3 组。

3. 分类编码法

1）分类编码法的原理与步骤

该方法是利用零件分类编码系统对零件编码后，根据零件的代码，按照一定的准则划分零件族。因为零件的代码表示零件的特征信息，所以代码相似的零件具有某些特征的相似性。按照一定的相似性准则，可以将代码相似的零件归并成族。

零件分类编码可以在宏观上描述零件而不涉及零件的细节，零件分类编码系统是进行零件分类编码的重要工具。采用分类编码法划分零件族时，首先考虑的问题是如何着手建立一套适用于本企业的分类编码系统。通常有两条途径：一是从现有的系统中选择；二是重新研制新的系统。

分类编码法划分零件族的步骤如下：

① 选择或研制零件的分类编码系统。

② 进行零件编码。

③ 按照一定的准则，根据零件代码划分零件族。

(1) 选择分类编码系统。选用一种合适的现有系统远比重新制定一种新系统节省大量的人力、物力和时间，因此企业应尽量选用已有的系统。选择分类编码系统时，首先要考虑实施成组技术的目的和范围以及成组技术与计算机技术相结合等问题，它将直接影响对分类编码系统复杂程度的选择。现有的系统中，有的以描述零件设计特征为主，适用于设计的系统；有的以描述零件工艺特征为主，适用于工艺的系统；也有的既描述零件设计特征，又描述零件工艺特征，设计和工艺均适用的系统。由于计算机技术迅速发展，成组技术中越来越广泛地使用计算机。

选择分类编码系统时，如果仅仅为了实施成组工艺，显然应当选择一种以描述零件工艺特征为主的系统。但是，目前成组技术的发展，不仅涉及工艺部门，而且涉及从产品设计到制造和管理的各个部门。一个企业内部，不能为满足不同需要同时使用几个系统，而只能使用一个系统。因此，对于一个企业来说，选择一个合适的分类编码系统是十分重要的。

(2) 零件的编码。在选定(或重新制订)了零件分类编码系统以后，可以对本企业的零件进行编码。零件编码有人工编码和计算机编码两种方式。

人工编码，即由人根据零件分类编码系统的编码法则，对照零件图，编出零件的代码。这种方法编码的速度较低，它与编码系统本身的结构、零件图的复杂程度和编码人员的技术水平有关。人工编码的出错率较高，因为在编码过程中受到人的主观判断因素影响较大。

计算机编码，需要一套计算机编码的程序，有些分类编码系统配有这种程序。例如，国外 MICLAASS 分类编码系统，配有人机对话型的零件编码程序。编码时，编码人员只需逐一回答计算机所提出的一系列逻辑问题，计算机便能自动地编出零件的代码。计算机所提问题的数目，随着零件复杂程度不同而不同。对于一个中等复杂程度的零件，计算机要提 10～20 个问题。对于一个简单的零件，计算机至少要提 7 个问题。

(3) 零件的分组。零件编码后，就可以利用零件代码，按照一定的准则，将零件分类成组。零件分组可以手工分组，也可计算机辅助分组。手工分组工作量大，效率低，易出错；计算机辅助分组能大大减轻人的劳动，提高分组效率和准确性。许多零件分类编码系统配有计算机辅助分组软件，用户只要输入待分组零件的代码及零件族的特征信息，就可得到零件分组结果。

零件分组是根据零件的代码来进行分类成组。在分类之前，首先要制定各零件族(组)的相似性标准，根据这相似性标准建立特征矩阵，进行零件的分类成组。在特征矩阵中，若某码位的码域值是个固定值，则称为特征码位，其建立方法是：矩阵的每一列表示一个码位，矩阵的每一行表示每个码位上的数据。在行和列的相交处，标注"1"表示在该码位上具有此数据；标注"0"表示在该码位上不具有此数据。这反映出该码位的码域是非常窄的，是一个有决定性作用的码位。

例如，图 2-4(a)所示的零件，用 OPITZ 系统编码，零件的代码为"013124279"，其零件特征矩阵见表 2-12。零件族特征矩阵的建立方法，其基本原理与零件特征矩阵相同。在行和列的相交处，标以"1"表示零件族允许在该码位上具有此数据；标以"0"表示零件族不允许在该码位上具有此数据。同时，若某码位是标识零件的尺寸，则码域可能有一个区域。

表 2-12　零件特征矩阵

代码	码位								
	1	2	3	4	5	6	7	8	9
0	1	0	0	0	0	0	0	0	0
1	0	1	0	1	0	0	0	0	0
2	0	0	0	0	1	0	1	0	0
3	0	0	1	0	0	0	0	0	0
4	0	0	0	0	0	1	0	0	0
5	0	0	0	0	0	0	0	0	0
6	0	0	0	0	0	0	0	0	0
7	0	0	0	0	0	0	0	0	0
8	0	0	0	0	0	0	0	1	0
9	0	0	0	0	0	0	0	0	1

建立特征矩阵是很关键的，其建立过程有两种方法：

① 如果零件已有分组，则可从以往的资料中，将该族(组)零件中所有零件的编码进行统计归纳，得出每个码位的码域，作为该零件族(组)的特征矩阵，待有新零件分类成组时即可使用。

② 分析各零件的特征，参考视检法、生产流程分析法等的分类效果，并将其作为依据进行分类成组，确定其主要特征及其码域，形成某族(组)的特征矩阵，作为原始资料，进行试用修改。若某族(组)零件数太少，可适当放宽某些特征的码域；若某族(组)零件数太多，可适当缩小某些特征的码域。

表 2-13　零件族特征矩阵

代码	码位								
	1	2	3	4	5	6	7	8	9
0	1	1	1	1	1	1	0	1	1
1	1	1	1	1	0	1	0	1	1
2	1	1	0	1	0	1	1	0	0
3	0	1	0	1	0	1	1	0	0
4	0	0	0	0	0	0	1	0	0
5	0	0	0	0	0	0	1	0	0
6	0	0	0	0	0	0	1	0	0
7	0	0	0	0	0	0	0	0	0
8	0	0	0	0	0	0	0	0	0
9	0	0	0	0	0	0	0	0	0

由于零件族(组)特征矩阵有特征码位、码域和特征位码域 3 种类型，故有相应的 3 种编码分类法。

2) 零件编码分类方法

(1) 特征位法。该方法是在分类编码系统的各码位中，选取一些特征性较强、对划分零件族影响较大的码位作为零件分组的主要依据，而其余的码位则予以忽略。例如，为了有利于实施成组工艺，零件分组时，要更多地考虑零件工艺特征的相似性。在大多数情况下，零件的形状、材料等特征，对制造工艺的影响大小按下列顺序排列：

① 零件类别：回转件和非回转件，加工工艺路线相差甚大。

② 材料：黑色金属零件和有色金属零件，不但加工条件不同，而且切屑也应分开。

③ 尺寸：加工尺寸不同的零件所选用的机床规格也不同。

④ 具体形状：零件具体形状的差别，不同程度地影响零件的加工工艺。

⑤ 精度：零件主要形状要素的精度不同，对零件的加工工艺可能会有较大影响。

各种分类编码系统用来表示上述特征的码位是不同的。因此，要结合具体采用的分类编码系统，才能选定作为零件分组依据的码位。例如，采用 OPITZ 分类编码系统，选定第 1，2，6，7 码位为分组依据的码位，则零件代码为 043063072，041003070，047023072 的三种零件将被分在一组，因为这三种零件的代码在第 1，2，6，7 码位上的符号分别都是 0，4，3，0。用特征位法分组，简单易行。

零件组数与所选取的特征码位数有很大关系。特征码位数选得少，则零件组数较少，但同组零件的相似性程度也较低。为了使同组零件满足一定的相似性程度要求，往往需要选取适当数量的特征码位作为分组的依据，但这样又可能出现零件组数过多的现象。对于零件种数较少、零件特征分布较广的情况，采用特征位法分组难以取得满意的结果。

(2) 码域法。码域法是对分类编码系统中各码位的特征项规定一定的允许范围，作为零件分组的依据。仍以 OPITZ 分类编码系统为例，假设某零件族允许各码位的范围如下：

第 1 码位：1，2，($0.5<l/d<3$ 或 $l/d\geqslant3$ 的回转体零件)；

第 2 码位：0，1，2，3(外形光滑或单向台阶)；

第 3 码位：0(无内孔)；

第 4 码位：0，1，2，3(无平面加工或有外部的平面加工)；

第 5 码位：0(无辅助孔)；

第 6 码位：0，1，2，3($d\leqslant160$)；

第 7 码位：2，3，4，5，6(钢材料)；

第 8 码位：0，1(圆棒料)；

第 9 码位：0，1(没有精度要求或外形有精度要求)。

根据上述各码位允许的范围，可建立该零件族的特征矩阵，如表 2－13 所示。

码域法分组，零件组数和同组零件的相似性程度与所规定的码域大小密切相关。码域规定很小，则同组零件相似性程度高，但零件组数也多。一种极端的情况是每码位允许一项特征数据，这等于要求同组零件的代码完全相同。码域法分组时，由于码域大小的变化范围较大，并且对于每一零件族可根据零件的具体情况和具体生产条件规定不同的码域，因此分组的适用性较广。

(3) 特征位码域法。该方法是由特征位数据法和码域法结合而成的一种分组方法。它既要选取某些特征性较强的特征码位，又要对所选取的特征码位规定特征数据允许的变化范围，以此作为零件分组的依据。

用特征位码域法分组，由于针对不同的具体情况，可以选取不同的特征码位和规定不同的码域，因此分组的灵活性大，适用性广。特别当所使用的分类编码系统的码位数较多时，用码域法分组必须对系统中所有码位规定码域。而用特征位码域法分组，由于可以忽略某些对分组影响不大的码位，从而使分组工作简化。

2.1.4　成组工艺过程设计

成组工艺过程设计是在零件分类成组的基础上进行的，当零件已分为若干个零件族(组)后，即可按零件族(组)的典型零件设计成组工艺，归纳起来，基本上有两种方法：复合零件法和复合工艺路线法。

1. 复合零件法

复合零件法就是用样件来设计成组工艺的方法。其基本思路是先按各零件族(组)设计出能代表该族(组)零件特征的典型零件，该零件能包含这组零件的全部加工表面要素，也称复合零件；复合零件既可以是一组零件中实际存在的某个具体零件，也可以是一个实际并不存在而纯属人们虚拟的假想零件。第二步，制定复合零件的工艺过程，即为该零件族(组)的成组工艺过程；再由成组工艺过程经过删减等处理产生该族(组)各个零件的具体工艺过程。

1) 复合零件的产生

如果在零件族(组)中不能选择出典型零件，则可以设计一个假想复合零件(或称虚拟复合零件)作为典型零件。其具体的方法是：先分析零件组内各个零件的型面特征，将它们复合在一个零件上，使这个零件包含全组的型面特征。图 2－11 表示了复合零件的设计产生过程，该零件组由 4 个零件组成，通过分解共有 6 个型面特征，将它们集中在一起就形成了图 2－11 所示的复合零件。复合零件包括了其他零件的所有待加工表面特征。

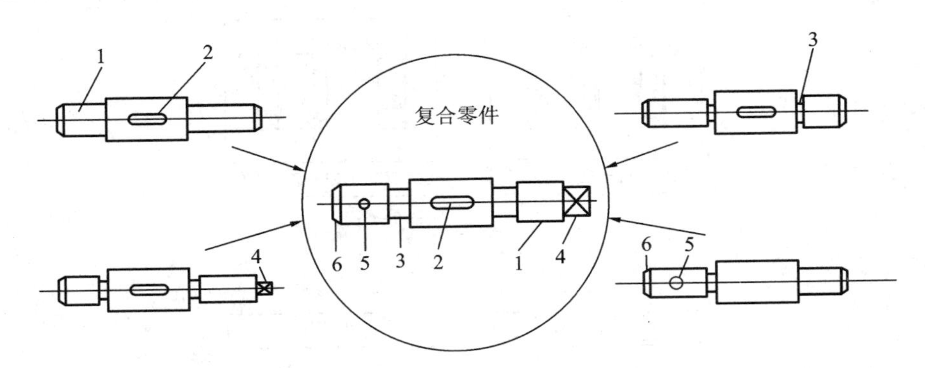

图 2－11　复合零件的生产

2）成组工艺的制定

由于组内其他零件所具有的待加工表面特征都比复合零件少，所以按复合零件设计的成组工艺，自然能适用于加工零件组内的所有零件。即只要从成组工艺中删除某一零件所不用的工序内容，便形成该零件的加工工艺。如图 2－12 所示，成组工艺过程为 C1-C2-XJ-X-Z，表示在车床 1，车床 2，键槽铣床、立式铣床、钻床上加工。从成组工艺过程经过删减可分别得到各零件的工艺过程。

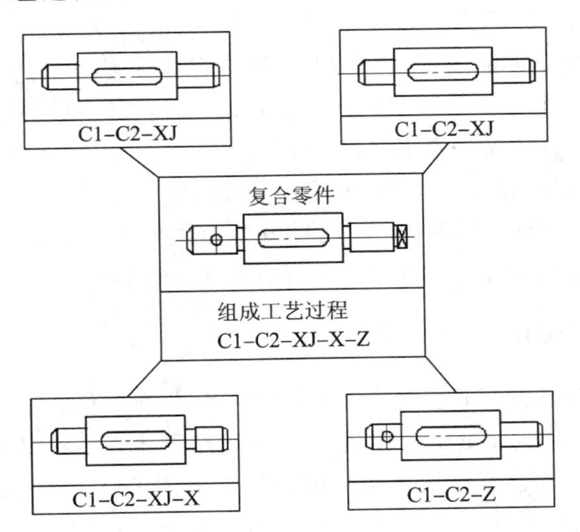

C1—车一端外圆、端面、倒角；C2—调头，车令一端外圆、端面、倒角 XJ—铣键槽；
X—铣方头各平面；Z—钻径向辅助孔

图 2－12　按复合零件法设计成组工艺示例

2. 复合工艺路线法

从个零件族(组)中选择 1 个零件的工艺路线，若能够包含所有零件的工艺路线，就以它作为该零件组的典型成组工艺。如图 2－13 中所示的 1 个零件族(组)，由 4 个非回转体零件组成，其中零件 3 的工艺路线最复杂，工序最多，可以以它作为全组的工艺路线，即 X1-C-Z-X3。如果不能直接从零件族(组)中各个零件的工艺路线选择产生一个能包含全组零件的工艺路线，则可采用复合工艺路线法。

零件分类成组后，先制定出零件族(组)中各个零件的工艺路线，将它们复合起来，形

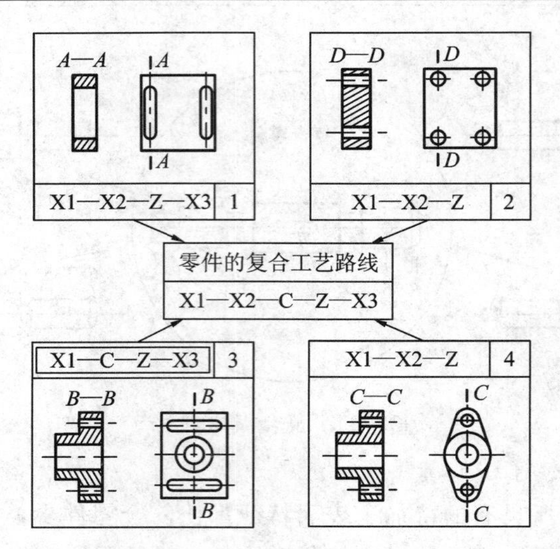

X1—铣一个平面；X2—铣另一个平面；C—车端面、钻孔、镗孔；
Z—钻(铣槽用)孔或辅助孔；X3—铣槽

图 2-13　按复合工艺路线法设计成组工艺示例

成一个假想的工艺路线，它最复杂、最全面，包含了该组所有零件的工艺路线，所以作为成组工艺路线。如图 2-13 所示，复合工艺路线为 X1-X2-CZ-X3。当可以从组中选择某个零件的工艺路线作为全组的成组工艺路线时，就不必设计复合工艺路线。比较图 2-13 零件 3 的工艺路线和按 4 个零件设计的复合工艺路线，两者是一致的，因为对于零件 1、零件 2，工序 X1 和 X2 可以合并为一个工序。

成组工艺过程设计在成组技术中占有重要地位。由于与计算机辅助工艺过程设计中的派生法关系密切、方法相同、思路相近，而且事实上派生法就是基于成组技术的原理和思想进行设计。因此它已成为计算机辅助工艺设计的理论基础。

2.1.5　成组技术的应用

成组技术是提高多品种、中小批量机械制造业生产效率和水平，增加生产效益的一种基础技术。在多品种、中小批量生产企业中实施成组技术，能够带来各种技术经济效益。近几年来，成组技术的概念不仅从开始的机械加工工艺扩充到产品设计与制造的全过程，而且与计算机技术、数控技术结合起来，在 CAD，CAPP，CAM 乃至 FMS，CIMS 等现代制造技术领域起到重要作用。

1. 成组技术在产品设计中的应用

在产品设计实施成组技术，通过对企业中已设计、制造过的零件进行编码和分组，可建立起设计图纸和资料的检索系统。当设计一个新零件时，设计人员将设计零件的构思转化成相应的分类代码，然后按此代码对其所属零件族的零件设计图纸和资料进行检索，从中选择可直接采用或稍加修改便可采用的原有零件图。只有当原有零件图均不能利用时，才重新设计新零件。据统计，当设计一种新产品时，往往有 3/4 以上的零件可直接利用或经局部修改便可利用已有产品的零件图，这就大大减少了设计人员的重复劳动。例如，波音(Boeing)飞机公司建立设计检索系统后，电气电子设计组在设计新机种时，有 95%的零件可以由检索得到。美国的企业中，每设计一个新零件所需的设计费用，平均约为 2000 美元。采用设计图纸和资料检索系统后，能使设计工作量减少15%左右。如果一个企业每年要设计2500个新零件，则每年可节省75万美元的设计费用。

在我国随着CAD技术的发展和应用，建立产品设计图库和GT-CAD系统具有重要意义。GT-CAD系统，又叫检索式CAD系统，是指以成组技术为基础的计算机辅助设计系统。产品设计人员在应用GT-CAD系统设计新零件时，首先进行零件检索，以确定能采用原有的零件图或对原有零件图稍加修改。

新产品设计中尽量利用原有的设计，为制造工艺领域增强了相似性，使企业生产的零件品种大为减少，从而大大节省工艺过程设计、工装设计和制造的时间和费用。生产准备周期因之缩短，某些零件的生产批量也将得到扩大。此外，新产品增加了对老产品的继承性，使老产品生产中所积累的许多经验，能在新产品生产中加以充分利用。

2. 成组技术在生产组织与管理中的应用

在生产组织中，采用成组单元或成组流水线，可以缩短零件的运输路线，提高生产单元或系统的柔性。在生产管理中，以零件族为基础编制生产计划和生产作业计划，可以提高生产管理的效率，提高劳动力和设备的利用率。

在产品设计和制造工艺方面实施成组技术的企业，其生产管理方法也必须相应改变。在生产管理工作中应用成组技术，将实际按零件族组织生产，打破产品界限，改变传统的按产品组织生产的方式；以零件管理取代原来的工序管理；质量管理也由检验人员控制为主改变为生产单元自控为主；工人则从按专业工种固定劳动分工向一专多能转变，从一人一机向多机床管理发展。这一切不仅有利于编制生产计划、生产指令和调度计划工作的简化，而且能使整个生产管理工作向着科学化和现代化的方向发展。

3. 成组技术与FMS、CIMS的关系

柔性制造系统FMS与传统自动线的最大区别在于它能够加工经常变化的加工对象，而无需进行设备的改装和较大的调整。然而，一个柔性制造系统适应加工对象的变化，总有一定范围。这个范围过小，FMS所能加工的零件品种数太少，造成设备的负荷不足，不能充分发挥FMS的效能；如果范围过大，则又会使系统过于复杂，大大增加设备的投资。因此，要建立FMS，首先就要合理地确定系统加工对象的变化范围，从而决定系统应具有的柔性大小。这就是说，必须在对生产进行合理的组织与分工的基础上建立FMS，才能使系统产生良好的技术经济效益。

成组技术以相似原理为基础，通过对加工对象恰当地分组，实现生产的合理组织与分工的一种技术。以零件族为加工对象建立FMS，既使系统能加工足够多的零件品种，又可简化系统的结构。因此可以把成组技术作为建立FMS的基础。在成组技术基础上建立的FMS相当于一个生产单元。这种FMS的生产单元实现了工艺过程的全部柔性自动化，从而把成组技术的实施提高到一个新的水平。

计算机集成制造系统CIMS是通过企业的信息集成以取得企业整体效益的计算机综合应用系统，信息集成是实施CIMS的基础。企业的信息包括从产品设计制造到生产经营与管理的所有信息。为了实现范围如此广泛的信息的集成，需要对信息进行分类编码，因此，可以应用成组技术的基本原理建立面向企业的信息分类编码系统，从而把系统中的有关环节连接到一起。

2.2 零件的信息描述与输入

工艺设计是一项繁杂的工作，工艺人员除了必须考虑零件的结构、尺寸的精度要求、生产批量、毛坯种类和尺寸、加工方法、设备选择、工装配备、热处理要求等众多因素外，还要兼顾企业的生产条件、传统工艺习惯以及各类行业标准等。所以工艺设计是一项涉及面广、经验性强的综合性技术工作。在计算机硬件、软件系统支撑下以及在资源及标准约束控制下，进行工艺设计所需处理的信息不仅是大量的，而且信息之间关系错综复杂，这就使得将零件和工艺信息通过不同机制转变成所需的描述零件信息的各种文档与输入技术成为了 CAPP 系统的关键技术。

零件的信息包括两个方面的内容：零件的几何信息和工艺信息。零件的几何信息是指零件的图形，包括：零件的几何形状、尺寸等；零件的工艺信息包含零件各表面的精度、粗糙度、热处理要求、材料和毛坯类型等多种信息。CAPP 系统对零件图形信息的描述有两个基本要求：一是描述零件各组成表面的形状、尺寸、精度、粗糙度及形状误差等；二是明确各组成表面的相互位置关系。

2.2.1 零件信息描述方法简述

工艺过程设计所需要的最原始信息是产品设计信息。对于机械加工工艺过程设计而言，这些最原始信息是指产品零件的结构形状和技术要求。表示产品零件和技术要求的方法有多种，如常用的工程图纸和 CAD 系统中的零件模型。工艺人员在进行工艺过程设计时，首先通过阅读工程图纸获取有关工艺设计所需的产品设计信息。对于 CAPP 系统，必须将相关产品设计信息转换成系统所能“读”懂的信息。人们在开发 CAPP 系统时，针对不同的零件和应用环境，提出了很多的零件信息描述与输入方法，下面进行简要介绍。

1. 零件分类编码描述法

在早期的 CAPP 系统中，零件分类编码系统是进行零件分类编码的重要工具。零件分类编码可以在宏观上描述零件而不涉及零件的细节，是检索式 CAPP 系统主要采用的方法。

采用分类编码法描述零件，即使采用较长码位的分类编码系统，也只能达到“分类”的目的。对于一个零件究竟由多少形状要素组成，各个形状要素的本身尺寸及相互间位置尺寸的多大，它们的精度要求又如何，分类编码法都无法解决。因此，如果需要对零件进行详细描述，必须采用其他描述方法。

2. 零件表面元素描述法

零件表面元素描述法是对零件进行详细描述的一种方法，早期的派生式 CAPP 系统都采用这种方法。在这种方法中，任何一个零件都被看成是由一个或若干个表面元素所组成，这些表面元素可以是圆柱面、圆锥面、螺纹面等。例如，光滑钻套由一个外圆表面、一个内圆柱表面和两个端面组成。单台阶钻套由两个外圆表面一个内圆表面和三个端面组成。在运用表面元素法时，对零件的各个形面要素进行编号，并对零件按其特点划分成若干个单独的区段，以便能正确地输入零件各形面要素的尺寸、位置、精度、粗糙度等信息。

利用这种输入方法虽然比较繁琐、费时，但是它可以比较完善、准确地输入零件的图形信息。这种方法比较适合于描述回转体零件，对于非回转体零件的形面描述有一定难度。随着特征技术及CAD/CAPP/CAM集成技术的发展，在CAPP系统中更多采用特征描述法。

3. 零件特征描述法

特征技术起源于CAD、CAPP、CAM等各种应用对产品信息的需求，是CAD/CAPP/CAM集成系统的核心技术。尽管对于特征这一术语的定义由于应用和着眼点的不同而有差异，但都与某个应用的局部信息相关联。在CAPP应用中，常常把单个特征表示为以形状特征为核心，由尺寸、公差和其他非几何属性共同构成的信息实体。针对机械加工工艺过程设计，我们可以把零件特征定义为：机械零件上具有特定结构形状和特定工艺属性的几何外形域，它与特定的加工过程集合相对应。

零件特征描述法主要用来描述形状比较复杂的非回转类零件。若要像描述回转体零件形状要素那样详细、准确就十分困难。但是有些非回转体零件的制造工艺并不太复杂，对于这类零件，只要描述零件由哪些特征组成，及其这些特征的组织关系，然后就可以作出相应的工艺决策，如果该方法结合到CAD系统中去，就形成直接与CAD系统相连的零件信息描述法。

4. 直接与CAD系统相连

随着计算机集成制造系统(CIMS)的蓬勃发展，要求克服常规的零件信息描述方法中繁琐、效率低的缺点，提出将CAPP与CAD系统直接相连的方法。该方法使得CAPP所需的各种信息直接来源于CAD系统，避免繁琐的手工输入，因此，在CIMS环境下，CAPP系统中输入零件信息最为理想的途径就是直接来自CAD系统内部的数据信息。

直接与CAD系统相连要求建立一种不依赖于人工解释的，能为产品生命周期各阶段的计算机辅助系统自动理解的完整的产品模型。在此基础上实现CAPP与CAD数据的自动交换，目前STEP技术的实施被认为是实现CAD/CAPP/CAM集成与并行的必要和前提条件。现阶段，利用现有的CAD资源，在实体造型系统上通过扩充特征定义功能来建立满足集成需要的零件信息模型，采用对实体造型系统“特征化"的技术路线，是CAD/CAPP/CAM集成的一条行之有效的途径。

综上所述，在众多的零件信息描述与输入方法中，适合于轴类零件的较多，这是因为轴类零件信息量相对箱体类零件信息量少，信息描述与输入相对简单些。箱体类零件形状结构复杂，形面参数繁多，包含的信息量大，要完整而简明地进行零件信息描述与输入是很困难的。因此，对箱体类零件信息描述与输入方法的研究成为制约CAPP技术发展的技术难题，寻求有效地描述方法并开发相应的零件信息输入系统是CAPP一项关键技术。

2.2.2　基于特征的轴类零件信息输入

1. 轴类零件信息模型总体结构

轴类零件信息模型的总体结构如图2-14所示。其中将形状特征作为零件信息模型的主干，因为它是设计和制造过程中的通信媒介，具有特定功能，且与一定的加工方法相对应。无论是从设计者角度，还是从制造者角度，都是从形状特征开始处理，同时形状特征具有与零件其他属性很大的相关性。

根据各形状特征构造零件的几何形状，满足零件的功能要求和制造要求中所起作用的不同，将它分为主特征和辅特征。主特征是用于构造图 2-14 所示的轴类零件信息模型总体几何结构形状的特征，如圆柱面、圆锥面。辅特征是附在主特征之上的特征，是对主特征的进一步修饰。

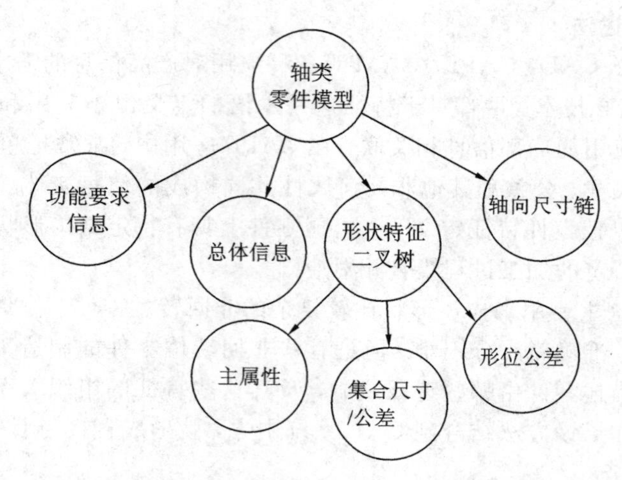

图 2-14　轴类零件信息模型总体结构

根据形状特征之间的邻接关系(主特征与主特征之间的关系)和从属关系(主特征与辅特征之间的关系)，可以作出一个零件(见图 2-15(a))的形状特征关系图(见图 2-15(b))，此多叉树结构的形状特征关系图可以转化成易处理的二叉树结构(见图 2-15(c))。这种二叉树结构就是所要建立的零件信息模型主干。

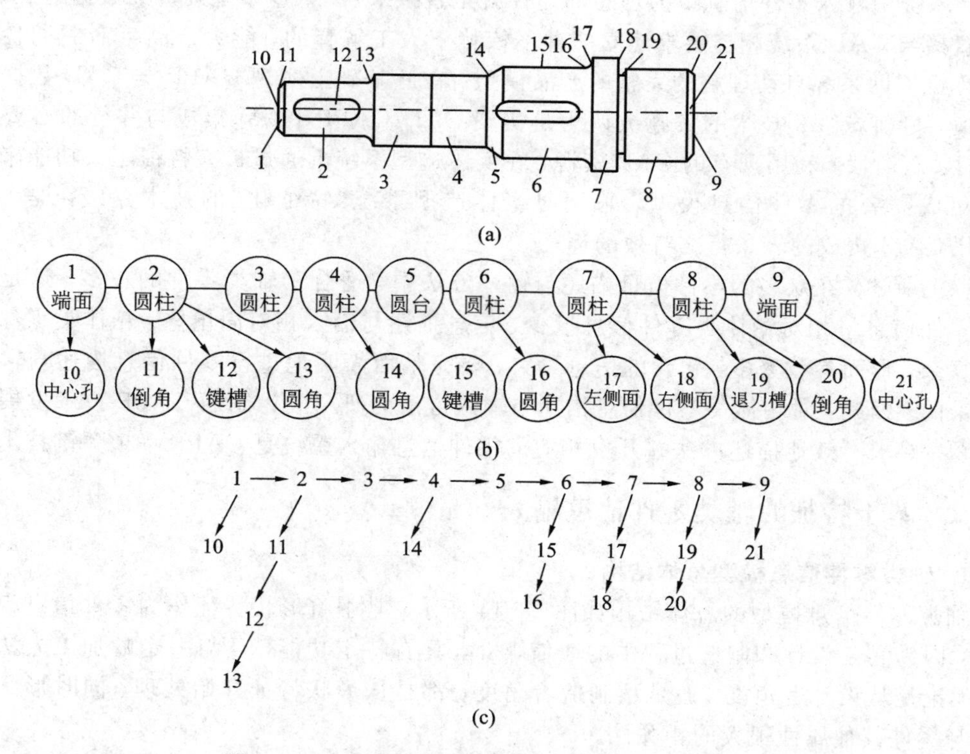

图 2-15　一个轴类零件形状特征关系图及二叉树

将零件各主辅特征的有关数据挂在零件信息模型的主干上，再辅以零件功能要求信息、零件总体信息以及轴向尺寸信息，就形成了轴类零件信息模型。

零件总体信息是指零件的管理信息和总体技术信息，包括未标注表面粗糙度、总体热处理要求等。其数据结构的框架如下：

总体信息：零件图号；GT 码；厂名；产品名称；零件名称；材料类型；热处理方法；热处理要求；最大长度；最大直径；未标注表面粗糙度；批量；日期；设计者。

零件功能要求信息：反映零件的设计要求，它包含零件概念设计和总体设计信息。它是所有设计活动必须围绕的中心，可用如下的结构框架描述。

零件功能要求：轴类型；载荷状况；使用场合；最大功率；最大转速；总体结构码。

目前，CAD/CAPP 集成技术的重点集中在零件的详细设计阶段，零件信息的详细描述由零件的形状特征以及挂靠其上的其他特征来完成，即由零件信息模型的主干来完成。

零件的轴向尺寸链用双向链表结构来完成，各尺寸的起止端面用形状特征号表示，形状特征号唯一地标识该形状特征。零件轴向尺寸信息用下列结构框架描述。

轴向尺寸链：起始特征号；终止特征号；尺寸值；上偏差；下偏差；前指针；后指针。

2. 形状特征二叉树

零件形状特征二叉树各节点内容如图 2-16 所示。

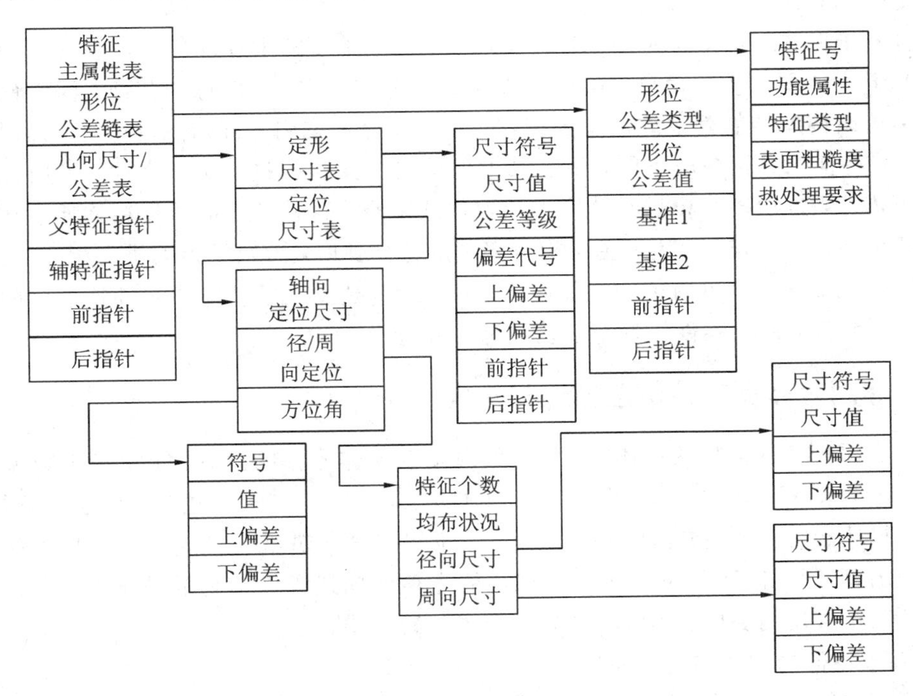

图 2-16　零件形状特征二叉树各节点内容

1）特征主属性表

主属性表用于描述形状特征的主要属性，包括特征号、特征类型、热处理要求、表面粗糙度 R_a 值等。此外，还有一个较特殊的属性，即功能属性，用来描述该特征的功能，由零件的总体功能进行功能分解而得。特征的功能决定特征类型。轴类零件各形状特征的功能主要有：传动、定位、联结、支承、密封等。

2）几何尺寸和公差表

几何尺寸包括定形尺寸和定位尺寸。

a. 定形尺寸是指描述形状特征几何形状的参数。如圆柱面的直径 D 和长度 L，平键链槽的长 L、宽 N、深 d，特征的各定形尺寸及其属性用双向链表连接起来。

b. 定位尺寸包括轴向定位尺寸、径向定位尺寸、周向定位尺寸和方位角度。

轴向定位尺寸由轴向尺寸链结构描述。

径向/周向定位尺寸的属性包括：特征个数、分布状况、径向半径结构指针、周向角度结构指针。

方位角度分 x 轴方位角、y 轴方位角、z 轴方位角，各轴方位角也用相同的结构描述，均有尺寸符号、尺寸值、上下偏差等属性。

3）形位公差链表

形位公差链表用于描述零件的形状公差和位置公差。各形位公差及其属性用双向链表连接，形状公差基准一律为 NULL，而位置公差的基准至少有一不为 NULL，公差基准用特征号表示。采用特征技术构造零件信息模型，以形状特征为主干，而且挂靠在此主干上的信息也都用特征来表达的零件模型，这种技术更符合工程实用和机械加工习惯，对这些信息的访问也非常方便和快捷。

这种基于形状特征二叉树的零件模型清晰、简洁地反映了零件各特征表面之间的关系以及 CAPP 所需要的零件信息。在构造该模型时，抽取了零件信息的共性，即零件的形状特征二叉树结构及挂靠其上的信息类型，同时也充分考虑到零件信息的个性，即对不同零件，其形状特征二叉树一般不同，附于其上的信息一般也不同。对于个性，可用指针和链表结构来描述，各项内容根据具体零件或取值或赋空。这种动态的数据结构所表达的零件信息内容灵活，便于修改，还避免了构造繁琐的特征类库，节约了计算机资源。

零件功能要求和零件特征中功能属性的引入，为建立零件功能与零件特征之间的映射关系创造了条件，便于零件设计与工艺设计的并行。

2.2.3　非回转体类零件信息描述与输入

对于非回转零件信息的描述，特别是针对复杂箱体零件的信息描述，长期以来作过许多研究。近年来，不少研究者提出了一些描述方法，如方位特征描述法、分层特征描述法，特征柔性描述法等。这些方法大多数是用于箱体零件的，并有一个基本点，从零件待加工表面特征出发，根据工艺生成要求，在保证能完整地描述零件信息的基础上，简化数据结构以达到简单实用的目的。本节将主要介绍方位特征描述法。

1. 基于特征的方位描述法原理

箱体零件形状很复杂，要全面描述零件信息相当困难。但从加工角度分析，它的待加工表面主要是平面、孔、槽等，所以按零件各方位来描述可以简化描述难度，达到实用的目的。

箱体类零件上需加工的表面多，且位置关系相当复杂，难以清晰而方便地描述，因此，简化表面间的复杂关系，以获得清晰的数据信息，是零件信息描述的首要任务。箱体类零件，外形一般呈多面体，其需加工的表面大部分都在零件外表面上。若把零件分解开来，则每个方向可以单独形成一个“子零件”，每个“子零件”都有待加工表面的特征数据。因此，方位特征描述法并不试图从整体上描述零件，而是对零件进行分解，零件的每个方位自成一个描述单元，零件的待加工表面及其参数按照所在的方向进行单独描述。这样可以保证获取零件全部的待加工表面信息，同时也简化了不同方向上待加工表面的位置关系，避免数据结构的复杂和混乱。

2. 基于特征的方位描述法的设计及实现

基于特征的方位描述法从以下两个方面来描述零件：一是描述各零件组成表面本身的几何信息(形状、尺寸等)和工艺信息(精度、表面粗糙度等)；二是明确说明各组成表面之间相互位置关系与连接次序的拓扑信息。

加工特征单元的抽取和划分将整个零件的信息描述转化为零件各加工特征单元信息的描述和各加工特征单元之间联系信息描述的集合。

选择三维空间坐标系来描述箱体类零件。如图 2－17 所示，加工特征单元划分的基本思想是将零件看成是矩形六面体经切削加工而来。任何一个立方多面体所在的方向，按其外法线所指方向，有十种情况，即十方位描述法(六个方位面 D1～D6，四法线组成面 D7～D10)。由于其他四个方位面上加工特征出现几率较少，从经济上考虑，通常用任意一个平面替代(用 D7 替代 D8，D9，D10)，同时用该面的外法线方向以确定该面具体方位，故在实际应用中多采用七方位法来描述。各方位面信息描述如图 2－18 所示。

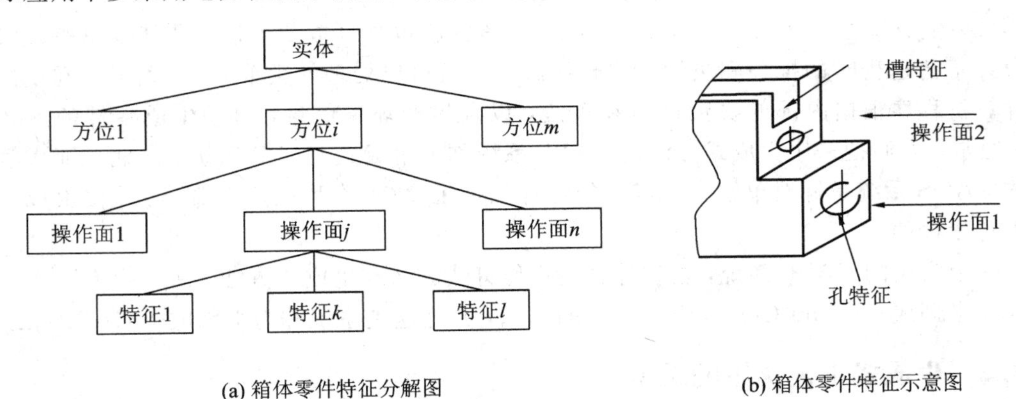

(a) 箱体零件特征分解图　(b) 箱体零件特征示意图

图 2－17　方位面-操作面-特征关系

任何一个实际的零件在某一个方位上均有多层次的实体面。将这些面按一定的顺序划分为层。因此，任何一个加工特征单元可以通过其所在的方位和层次来表达它在零件上的位置。

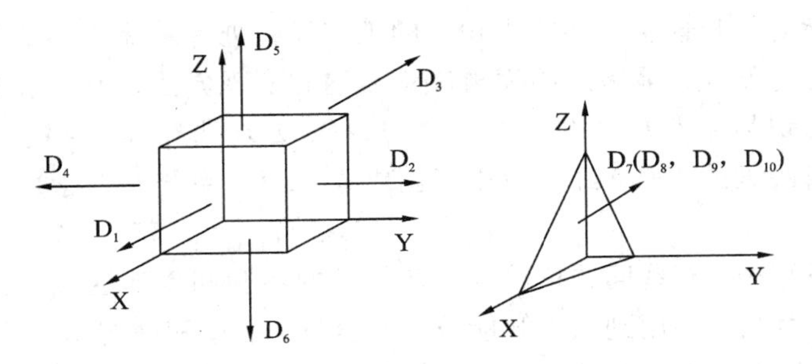

图 2－18　箱体零件的方位描述

本方法的优点在于：首先，加工特征单元是以形状特征为基础的。人们熟悉使用形状特征，因此容易表达零件的几何形状特征；其次，每一加工特征单元都可由一定的加工方法获得，即加工特征单元的加工方法间存在一定的联系，方便以后的工艺设计；再次，各加工特征单元间的位置关系和连接次序可由建立方位层次和合适的数据结构来获得；最后，具有相同加工方法的加工特征单元，即使所处的方位、层次和形状特征不同，也可用相同的数据结构来存储其信息，方便了数据库的设计工作。

2.3 工艺决策

2.3.1 基本概念

所谓工艺决策，是指根据产品设计信息和具体的生产环境条件，利用工艺经验确定产品的工艺过程。CAPP 系统所采用的基本工艺决策分两种：

(1) 修订式方法(Variant Approach)。该方法也称派生式方法，其基本思路是将相似零件归并成零件族，设计相应零件族的标准工艺规程，并根据设计对象的具体特征加以修订。通常人们把采用修订式方法的 CAPP 系统称为修订式 CAPP 系统。美国的 CAM－Ⅰ系统和同济大学开发的 TOJICAP 系统属于该类系统。

(2) 生成式方法(Generative Approach)。该方法也称创成式方法，其基本思路是将人们设计工艺过程时的推理和决策方法转换成计算机可以处理的决策逻辑、算法，在使用时由计算机程序根据内部的决策逻辑和算法，以及生产环境信息，自动生成零件的工艺规程。通常，人们把采用生成式方法的 CAPP 系统称为生成式 CAPP 系统。西北工业大学开发的 CAOS 系统是针对单轴自动机上的零件加工工序(通常称工序调整卡)并按生成式方法进行设计的。

一个实用的 CAPP 系统，往往综合使用修订式方法和生成式方法，所以也有人提出综合式或半创成式(Semi Generative)方法的概念，并把这类系统称为半创成式 CAPP 系统。

2.3.2 生成式工艺决策的类型

CAPP 的生成式工艺决策方法分为三类：计算决策、逻辑决策和创造性决策。

计算决策主要包括公式计算和查数据表，它主要用于能够建立数学模型和已具备较完善的经验数据的情况，如工序尺寸计算、切削用量选择以及时间定额计算、生产费用计算等。

逻辑决策是指对于长期生产实践中积累的工艺经验进行系统的总结，并且成为人们广泛认可的确定性工艺知识。最常用的逻辑决策表达和实现方法是判定表与判定树，它们广泛应用于零件表面切削加工方法的选择、机床选择、刀具选择等。判定表与判定树是传统的表达和实现逻辑决策的工具，经常应用于创成式 CAPP 系统开发中，关于判定表与判定树的介绍详见第五章。

在工艺设计过程中，有些问题依赖于工艺人员的经验和创造性决策，创造性决策是运用知识解决问题，因此需要用到人工智能技术。学习、推理和联想这三大功能是实现人工智能的主要因素，第 2.4 节详细介绍了专家系统、神经网络等利用人工智能技术决策方法和具体的应用，这里不再赘述。

2.3.3　工艺决策

工艺决策的内容主要是机械加工工艺规程制定的全过程，具体是指通过制定一套切削加工方法和规范，使零件达到设计所要求的形状、尺寸和表面粗糙度。一般步骤可分为工序、装夹、工位、工步等。

国内的研究一般习惯把 CAPP 工艺决策分为加工方法决策和加工顺序决策，而国外把刀具轨迹、加工过程的计算机模拟也作为智能 CAPP 决策的一部分。

制订机械加工工艺规程(又简称工艺设计)的核心内容是设计工艺卡片。常用的工艺卡片有：工艺过程卡(又称为工艺路线卡)和工序卡。工艺过程卡用于表示零件机械加工的全貌和大致加工流程，它只反映工序序号、工序名称和各工序的概要内容以及完成该道工序的车间(或工段)、设备，有的还可能标出工序时间。工序卡则要表示每一道加工工序的情况，内容比较详细，当然，由于各个工厂习惯、厂规的不同，所用的工艺卡片可能不尽相同，但以反映该厂工序设计的内容为准则。机械加工的工艺过程设计通常包括如下内容。

(1) 工艺决策。亦称为制定工艺路线，其内容包括决定零件各切削表面的加工方法并编排合理的加工顺序。同时，还要为每道工序选择加工机床和相关的工艺装备，如夹具、刀具或者量具等。在工序决策时，还应决定各道工序所包含的装夹、工位及工步的安排等。

(2) 工艺尺寸确定，计算各工序尺寸及公差。其内容包括加工余量的选择、工序尺寸的计算及公差的确定等。目前，有些工厂不在工序设计中规定切削用量，而由操作工人根据经验并结合实际情况自行确定。而大批量生产的工厂，或者对工艺制定要求比较严格的工厂(如军工厂)一般都规定各工序、工步的加工余量，由此便可确定零件加工过程中表面的尺寸及公差。

(3) 工艺参数决策。工艺参数亦称切削参数或切削用量，一般指切削速度(v)、进给量(f)和切削深度(a_p)。在大多数机床中。切削速度又可通过主轴转速(n)来表达。

(4) 工序图的生成和绘制。工序图实际是工序设计结果的图形表达，它通常附在工序卡上作为车间生产的指导性文件。由于绘制工序图比较费时费力，一般情况下，仅对于一些关键工序提供工序图。

(5) 工时定额计算。工时(加工时间)定额是衡量劳动生产率及计算加工费用(零件成本)的重要依据。先进、合理的工时定额是企业合理组织生产，开展经济核算，贯彻按劳分配原则，不断提高劳动生产率的重要基础。

(6) 工序卡的输出。作为车间生产的指导性文件，各工厂都对其表格形式作出厂内统一明确的规定，工艺人员填写完毕后还应经过认定和修改过程，再发至车间，产生效力。

2.3.4　加工方法决策

加工方法决策是典型的不确定问题，为一个零件选择合适的加工方法需要考虑多方面的因素，不仅受到零件工艺要求的约束，同时还受到设备、工艺人员水平以及生产条件的影响。

1. 零件信息分析

制定加工工艺路线之前首先要对零件信息进行分析与理解，也就是对零件切削表面进行识别，包括对其几何形状、尺寸公差、结构工艺性、技术要求等信息的分析研究。这些在人工设计中是由工艺人员读图完成的，可是在计算机辅助工序设计中以计算机内部的电子数据代替书面的工程图样，图样的计算机描述方式与随后的CAPP系统的处理方式紧密相关。在第2.2节中已经对零件信息描述方法进行了系统的介绍。当前CAPP系统普遍采用的一种方法是基于特征技术进行零件信息的描述。

2. 各切削表面加工方法的选择

加工方法选择实际是将零件信息与实际工厂的加工能力信息进行匹配的过程，后者指各种加工方法所能达到的经济精度和表面粗糙度。这里的精度是指在正常的机床、刀具和操作工人等工作条件下，以合适的工时消耗所能达到的加工精度，表2-14表示了对于孔这样一种典型切削表面来说，各种加工方法可达到的精度(IT)及表面粗糙度(*Ra*)。

表2-14　孔加工中各种加工方法的经济精度及表面粗糙度

加工方法	加工情况	经济精度(IT)	表面粗糙度 $R_a/\mu m$
钻	ϕ15以下 ϕ15以下	11～15 10～12	5～8 20～80
扩	粗扩 一次扩孔(铸孔或冲孔) 精扩	12～13 11～13 9～11	5～20 10～40 1.25～10
铰	半精铰 精铰 手铰	8～9 6～7 5	1.25～10 0.32～5 0.16～0.63
拉	粗拉 一次拉孔(铸孔或冲孔) 精拉	9～10 10～11 7～9	1.25～5 0.32～2.5 0.16～0.63
推	半精推 精推	6～8 6	0.32～1.25 0.08～0.32
镗	粗镗 半精镗 精镗(浮动镗) 金刚镗	12～13 10～11 7～9 5～7	5～20 2.5～10 0.63～5 0.16～1.25
内磨	粗磨 半粗磨 精磨 精密磨(精修整砂轮)	9～11 9～10 7～8 6～7	1.25～10 0.32～1.25 0.08～0.63 0.64～0.16
珩	粗珩 精珩	5～6 5	0.16～1.25 0.04～0.32
研磨	粗研 精研 精密研	5～6 5 5	0.16～0.63 0.04～0.32 0.008～0.08
挤	滚珠、滚柱扩孔器，挤压头	6～8	0.01～1.25

注：加工有色金属时，表面粗糙度取低值。

零件是由许多表面组成的，往往包含有多种典型的切削表面(即加工特征)，如外圆、孔、槽、平面、成形表面等。对于每一种典型切削表面均可列出类似于表2-14所示的各种加工方法所能达到的精度及表面粗糙度。

在识别或理解了零件切削表面的信息后，便可以根据具体情况，从表 2 - 14 或其他相应的表中选择最合适的加工方法。

可见，孔的加工方法大致可归纳成四种：

(1) 钻—粗拉精拉。这种加工方法质量稳定，生产效率高。对于中等大小($\Phi30 - \Phi50$ mm)的孔，一般都用此法。当毛坯上没有铸孔或锻孔时，必须要有钻孔工序，如果毛坯上有孔，且孔径为中等大小，可粗镗后再粗拉孔。

(2) 钻—扩—铰—手铰。这种加工方法主要用于小孔和中孔($\Phi < 50$ mm)，如果孔径增大，刀具也要增大，此时手铰较费力，也不经济，应改为镗孔。

(3) 钻或粗镗—半精镗—精镗浮动镗、金刚镗。这种加工方法主要用于箱体零件的孔系加工及有色金属材料的小孔加工。当毛坯上没有铸孔或锻孔时，要先钻孔，否则可直接粗镗孔。对于大孔可常用浮动镗刀块，它广泛用于箱体零件孔系加工中。对于小孔，特别是有色金属材料，其最终工序多采用金刚镗。

(4) 钻或粗镗—粗磨—半精磨—精磨—研磨、珩磨。这种加工方法主要用于淬硬零件或精度要求较高的零件。同样，对于各种典型切削表面，均可以表 2 - 14 的方式列出其可能选择的典型加工方法。从表 2 - 14 中可以看出，加工方法的选择需要一系列的逻辑决策，而且所谓典型的加工方法是指在分析、总结企业内各种生产工艺方法、各种生产经验以及各种与加工有关的规范后提出的带有一般指导意义的选择加工方法的准则，它可以随着生产设备的更新、生产工艺的发展，甚至操作工人的改变有所改变，还可能受到企业自身特点的影响，所以具有较大的灵活性；再者，上述加工方法的选择并不等同于"是非"选择，有的准则是模糊的，常会出现模棱两可的情况，这就是工序设计的非一致性。这些特点在用计算机辅助工序决策时应考虑到。

3. 编排合理的加工顺序

(1) 基准面的选择。加工顺序是指工序的先后排列，它与加工质量、生产效率和经济性密切相关。安排加工顺序首先要考虑的因素就是工艺基准面，它是零件在加工、度量和装配时所用的基准，相应地称为定位基准、度量基准和装配基准。对加工顺序直接产生影响的是定位基准。定位基准是指零件上的一些表面，当零件在机床上加工时，它们被用来决定零件相对于刀具的位置。根据该基准面是否被加工过，定位基准又可分为粗基准和精基准。前者是指没有加工过的毛坯面被用作定位基准；后者是指已加工过的表面被用作定位基准。定位基准的选择要遵循一定的原则，一般来说，定位基准的选择原则可简要归纳为：

① 定位基准与设计基准复合；

② 安装面与导向面应选择尺寸大者；

③ 便于夹紧，在加工过程中稳定可靠；

④ 有利于精度的保证。

对于粗基准的选择，往往还要求：

① 选择加工余量小，较准确或光洁的、面积较大的毛坯面；

② 选择重要的表面；

③ 粗基准一般只能使用一次。

对于精基准的选择，则常常还要考虑：

① 基准单一原则，即在零件加工过程中采取单一基准，以减少装夹次数造成的多次定

位误差和夹具的种类与数量增加造成的成本与周期增加；

② 互为基准原则，对于空间位置要求很高的零件，可采用互为基准、反复加工的原则；

③ 自为基准原则，对某些精度要求很高的表面，在精加工时以加工面本身定位，待夹紧后将定位元件移去，再进行加工，以便使表面加工余量小，而且均匀。以上这些选择原则，必须在实际应用中根据具体情况，灵活掌握，有些原则如定位基准与设计基准重合原则和基准单一原则，有时会发生矛盾，应综合考虑实际加工的多方面因素，作出合理优化的选择。

制定加工顺序时，总是先安排精基准面进行加工，然后采用精基准面定位来加工其他表面，如果有多个精基准，则必须在使用之前加工完毕。可见，选定粗、精基准定位，使得加工顺序的安排具有一个基本轮廓。

例如，对于箱体零件，一般选择主要孔为粗基准来加工平面，再以平面为精基准来加工孔系；对于轴类零件，一般以外圆为粗基准来加工中心孔，再以中心孔为精基准来加工外圆、端面等各切削表面。

(2) 零件主要加工表面的安排一般都是指精度或表面质量要求比较高的表面，它们的好坏对整个零件的质量关系较大，往往它们的加工工序也较多。因此，一般应以考虑主要表面的加工顺序为主干，再将其他表面的加工适当穿插其间。例如，箱体零件中，主轴孔、孔系和底平面一般是主要表面，所以应首先考虑它们的加工顺序，而其他的，如固定用的通孔和螺纹孔、端面和侧面，则可以适当安排。端面和侧面就可与底面、顶面安排在同一装夹中进行加工，通孔、螺纹孔则可与主轴孔安排在同一次装夹中进行加工。

在上述加工表面的安排中，通常应考虑“先面后孔”、“先粗后精”的排序原则。例如，固定用的通孔、螺纹孔的加工一般安排在它们附着的平面加工完之后；又如，主轴孔的精度和表面质量的要求比较高，所以其粗精加工应该分开，主轴孔的精加工应安排在最后。

(3) 热处理与辅助工序的安排。热处理工序可分为四类：一类是为了改善切削性能而进行的，如调质、退火等。这类热处理工序应安排在切削加工之前；第二类是为了消除内应力而进行的，如时效处理，应安排在粗加工之后，精加工之前；第三类是为了得到预期的物理机械特性，如渗碳、淬火等，这类热处理工序应安排在粗加工、半精加工之后，精加工之前。表面淬火后，一般只能进行磨削加工；第四类是为了使表面耐磨、耐磨蚀或美观，如镀铬、法兰等，一般都放在最后。

辅助工序包括去毛刺、清洗、退磁、检验等，它们一般安排在关键工序的前后，转换车间的前后，加工阶段的前后，或者零件全部加工完毕之后。

(4) 加工中心上的加工排序。在数控加工中心上加工零件时，上述排序原则也是通用的，只是由于考虑与自动编程系统相连接，由此要求严格地规定加工顺序，还应包括工作台的转位、刀具的更换等。在数控机床上非回转类零件的加工顺序，一般应体现如下原则。

① 先粗加工后精加工。

② 先平面加工后孔槽类型面的加工。

③ 对于粗加工和半精加工，孔的加工顺序按精度由高到低进行，而对于精加工，则按精度从低到高进行。

④ 在精度相同的情况下，可用一把镗刀加工完所有孔径相同的孔，以减少换刀次数，这被简称为“换刀优先”原则；但有的工厂可能情愿勤换刀以保证一个转台位置上所有孔一起加工完毕，这被称为“转台优先”原则。

⑤ 槽及无精度要求的螺栓孔总是安排在半精加工和精加工之间进行。

⑥ 孔精加工时，端面与孔一起加工，以保证端面与孔的垂直度要求。

实际情况往往会比上述原则描述的更复杂。例如，两个孔如果位于同一轴线上，究竟是一头加工还是调头镗削，这时就需要由刀具系统的长径比来决定；又如，工序的集中与分散，是否多个零件一次装夹等，均应根据生产纲领、现场生产条件和零件的技术条件做综合的考虑。

总之，加工顺序的安排是一个比较复杂的问题，要考虑的因素很多，实际情况也灵活多变。目前，这方面决策逻辑的研究尚不成熟，很难总结出通用的决策模式，只能按具体生产环境和特定零件对象，设计相应的决策模式。

2.3.5　工序决策

1. 选择加工机床和相关的工艺设备

加工机床的选择，对工序的加工质量、生产率和经济性都有很大影响，现将选择中需要考虑的因素概括如下：

$$M = f(p, F_e, P_m, A_{me})$$

式中，M——所选择的机床；

p——加工方法；

F_e——切削力；

P_m——切削功率；

A_{me}——机床利用率。

这仅是一个定性公式，用以表示机床选择的逻辑设计依据。其中，机床的属性包括该机床能完成的加工方法、切削力、切削功率和机床利用率。显然，这里的加工方法指的是可以加工零件的切削表面类型(形状)、尺寸和要求达到的精度、表面粗糙度。切削力和切削功率的计算与切削用量的选择有关。而生产批量、生产费用又与机床利用率有关，上式所列举的因素未必全面，如对于数控加工中心来说，机床刀库容量有时也是考虑机床选择的因素之一，因为这时可能希望一个零件的加工工序均能在一台加工中心上完成，以便减少装夹次数，易于保证加工面间的位置精度，并可减少物料流。

进行机床选择时，可将 CAPP 系统内预先建立在机床数据库中的机床规格信息与零件信息、零件所选择的加工方法信息相比较，然后作出决策。一般可先按零件及其加工方法的要求作出初选；然后再根据切削用量计算出切削力、切削功率；有的系统还可根据机床利用率进行适当的调整。

工艺装备(刀具、夹具)的选择与机床的选择有些类似，即同样需要将零件信息、零件所选择的加工方法信息与预先建立在工装数据库中的信息相比较，然后作出决策。当没有现成的通用工装可利用时，CAPP 系统就应提出专用工装设计的要求。

在机械加工中，零件、机床、刀具与夹具组成的工艺系统，是一个相互联系、相互影响的整体。因此，CAPP 系统的决策应尽力反映这种联系，并帮助工艺人员得到从全局上比较优化的决策结果。

2. 工艺尺寸确定

工艺尺寸确定包含了加工余量的选择、工序间尺寸公差值的确定等内容。从工艺学的角度，加工余量值及工序间尺寸公差值对于机械加工的质量、生产率、成本均会产生影响，而且三者之间还会互相影响，因此需要专题研究。这里仅介绍目前一些通用的确定方法以及在 CAPP 中的实现。

1) 加工余量的选择

(1) 分析计算法。加工余量由三部分组成：

① 上道工序的加工精度，它包括上道工序的加工尺寸公差(可由公差表中查得)；

② 上道工序的位置精度(根据具体情况计算)；

③ 上道工序的表面质量，因为上道工序加工后遗留下来的表面粗糙度和表面缺陷厚度(也可查表获得)应包含在本道工序的余量中；本道工序的安装误差，包含定位误差和夹紧误差(可以根据具体情况计算或者查阅有关的资料获得)。

各工序间余量之和便成为该表面的总余量，余量的组成部分中，既有系统误差，也有随机误差，综合分析各种影响因素，以简化的代数和来表示加工余量。

$$Z_i = K(T_s + \rho_s + R_{zs} + I_s + \varepsilon_{cb} + \varepsilon_{rb} + \varepsilon_{jb})$$

式中，K——修正系数，一般取 $K=0.8\sim l$；

Z_i——某道工序的加工余量；

T_s——上道工序的尺寸公差；

ρ_s——上道工序的位置精度；

R_{zs}——上道工序中的表面粗糙度值；

I_s——上道工序的表面缺陷层深度；

ε_{cb}——上道工序的基准不重合误差；

ε_{rb}——本道工序定位元件不准确造成的基准位移误差；

ε_{rb}——本道工序的夹紧误差。

用分析计算法确定加工余量必须有充分的资料及统计数据，计算也较复杂，所以除了特别贵重零件或大批量生产等少数情况下，目前大多数工厂采用查表与经验相结合的方法。

(2) 查表法与经验法。查表法是根据由资料整理而得的通用表格直接查出工序间余量推荐值，比较方便迅速，但因为表格是通用的，无法考虑具体情况，因此查得的余量值往往偏大，基于这个原因，由一些有经验的工程技术人员或工人根据经验对查表所得值进行修正，这是目前大多数工厂仍在采用的方法。

现举例说明查表法确定加工余量的过程。假设一个外圆表面的工艺过程为粗车—半精车—淬火—粗磨—精磨—研磨，查阅工序手册得到：研磨余量为 0.01 mm，精磨余量为 0.1 mm，粗磨余量为 0.3 mm，半精车余量为 1.1 mm，粗车余量为 4.5 mm，相加后得总余量为 6.01 mm，可修正为 6 mm，而把粗车余量定为 4.49 mm。

2) 工序间尺寸的计算

一般采用“由后往前”的办法，先按零件图的要求，确定最终工序的尺寸及公差，再按选定的加工余量推算出以前工序的尺寸，公差是按本工序加工方法的精度来给出。当工序设计中存在基准转换(工艺基准和设计基准不重合)时，就需要进行工序尺寸换算，对于位置尺寸关系比较复杂的零件，这种换算比较复杂。

(1) 工艺尺寸链的概念。工艺尺寸链是指在一个零件上用封闭的尺寸联系表示零件精度的尺寸关系。尺寸链由一个封闭环和若干个组成环构成，封闭环的尺寸是不能由加工直接得到的，而是由组成环的尺寸间接得到的。如图 2－19 所示零件，A_1、A_2、A_3 为设计上要求的尺寸，图样上有标注。A_0 没有标注，其尺寸值是由 A_1、A_2、A_3 间接得到，故 A_0 为封闭环，A_1、A_2、A_3 是组成环，组成环又分为增环和减环。当其余各组成环的尺寸不变，某组成环的尺寸增加，使封闭环尺寸增加，则该环为增环，用 $\overrightarrow{A}$ 表示，如图 2－19 中的 A_3；反之，则为减环，用 $\overleftarrow{A}$ 表示，如图 2－19 中的 A_1、A_2。

（2）尺寸树法。尺寸树法以尺寸链理论为基础，它利用树形图来抽象地描述各表面间的尺寸联系，而舍去了几何关系和实际尺寸大小，所以表达简练明确，算法(包括查找组成环)也很简单，不易出错。图 2－19 表示一个简单零件的尺寸和余量，其中，S 表示设计尺寸；Z 表示加工余量；A 表示工序尺寸。各尺寸端面号必须按照一定方向(如图示从左至右方向)编排。

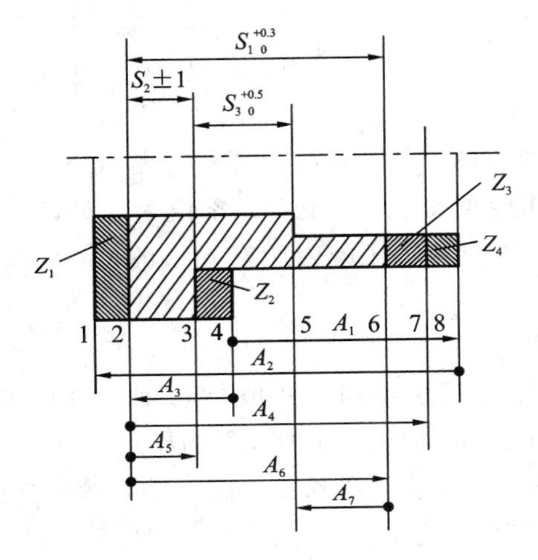

图 2－19　零件设计尺寸和工序尺寸

图 2－20(a)表示了按工序尺寸构造的尺寸树，而设计尺寸和加工余量作为封闭环都由工序尺寸来保证，图 2－20 (b)表示了按设计尺寸和余量构造的尺寸树。工序尺寸作为封闭环，前者用来确定工序尺寸的公差，后者用来确定工序尺寸的大小。

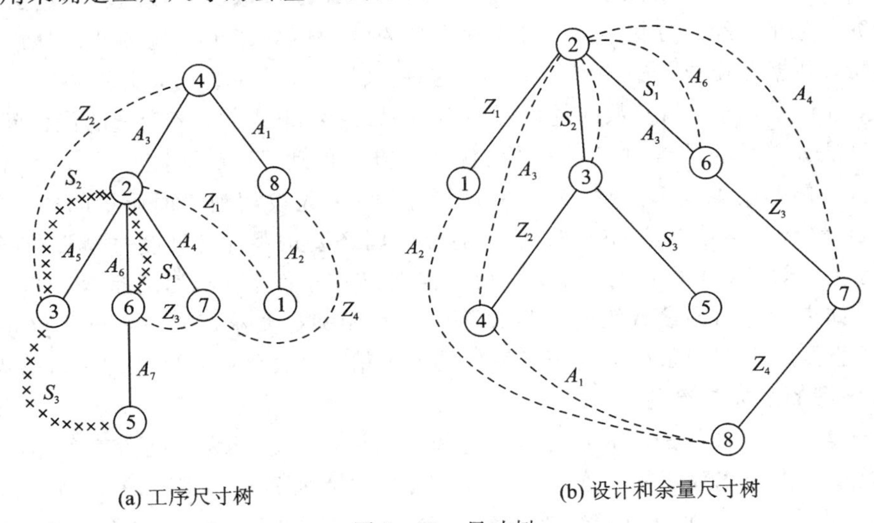

图 2－20　尺寸树

尺寸树的存储可采用邻接矩阵法，邻接矩阵是以尺寸端面表面号为行号和列号的矩阵，其定义为

$$A_{ij}=\begin{cases}1 & \text{若 } i,\ j \text{ 两面间有尺寸} \\ 0 & \text{反之}\end{cases}$$

所以，图 2-20 所示尺寸树的邻接矩阵是：

$$A=\begin{bmatrix}0 & 1 & 0 & 0 & 0 & 0 & 0 \\ 1 & 0 & 1 & 0 & 1 & 0 & 0 \\ 0 & 1 & 0 & 1 & 0 & 0 & 0 \\ 0 & 0 & 1 & 0 & 0 & 0 & 0 \\ 0 & 0 & 1 & 0 & 0 & 0 & 0 \\ 0 & 1 & 0 & 0 & 0 & 1 & 0 \\ 0 & 0 & 0 & 0 & 1 & 0 & 1 \\ 0 & 0 & 0 & 0 & 0 & 1 & 0\end{bmatrix}$$

由于邻接矩阵必然是对称的，所以只需处理上三角或下三角即可。在尺寸计算时，为方便计算，还可建立带权邻接矩阵，即原矩阵元素值为 1 处改为相应的尺寸值，再采用一种格式化线性方程组求解，就可算出矩阵内所有元素的值，只要尺寸标注合理，就可顺利求出全部未知尺寸。

3. 工艺参数决策

工艺参数亦称切削参数或切削用量，一般指切削速度(v)、进给量(f)和切削深度(a_p)。这些参数值的选择对于加工时间、切削表面的质量、加工精度、机床应提供的切削力和切削功率以及加工费用等会产生直接的影响，而且很多约束条件又是互相制约的。所以，在进行工艺参数决策时，必须综合考虑多方面因素，有时需要折中处理互相矛盾的影响。

工艺参数决策常采用的方法有数学模型法、查手册选取法、按经验给定法。其中，数学模型法通过大量的实验研究，取得系数后将各种刀具和加工方法的数学模型建成相应的模型库，同时将数学模型中与工件材料、刀具材料、刀具耐用度、冷却液等有关的系数写成数据文件存入库中，以便数学模型计算时调用。查手册选取法和按经验给定法是根据多年实验研究积累的，经过分析整理，对各种刀具的寿命值规定出相应的切削速度、切削深度和进给量，并据此作成切削用量手册等，这种方法比较简单易行，但不够准确，局限性也比较大。近年来，将切削参数的优化视为多目标、多约束条件、多变量的优化问题，采用智能优化算法如遗传算法等对工艺参数的优化的方法得到了广泛研究。

在进行具体切削参数选择时，一般的选择过程是：先按切削表面质量的要求初选切削深度和进给量(或是某范围值)；再按切削力(必要时还要按零件变形度)的限制计算进给量的值，考虑生产效率，可尽量取大值；然后再根据刀具寿命计算出切削速度、切削功率、加工时间等。如果计算出的参数值使切削表面质量不能满足要求，则需要再次修正进给量。如此反复，直至所有切削条件均能满足零件的加工精度、表面粗糙度和刀具寿命为止。

4. 工序图的生成与绘制

工序图是工艺设计的图形表达方式，它和工艺设计一起成为车间生产的指导性文件。在工序图上，不但要求显示零件在本工序加工完成之后所显现的基本形状，而且还要清楚地表明本工序所有加工面和加工终结时该加工面的尺寸、粗糙度、形位公差及其他特殊要

求，并指明本工序加工时的定位基准面、测量基准面。此外工序图也是机床调整和零件检验查收的重要依据，可以这样说，在大批量流水线生产中如果没有工序图，工人将无法进行生产。

随着数控机床和加工中心的广泛应用，在数控机床和加工中心上进行加工时，工序数减少了，但每一工序中工步数增多了，这使得在集中加工中工序图的生成显得更为复杂和重要。一般中等以上复杂零件在工艺设计过程中工序图绘制的工作量，占总工作量 40%以上，所以一个完整的 CAPP 系统不仅要能生成详细准确的工艺过程和加工工序内容，还应能生成与工序相配套的工序图。

开发 CAPP 系统工序图生成模块，对于提高工艺设计的效率和质量，实现工艺设计的标准化与现代化有着积极意义。从已开发出的 CAPP 系统来看，有的系统不具备工序图输出功能，有的只能绘制较简单的某种类型的工序图。随着工件加工过程的变化和工序加工内容的不同，工序图的图形信息和加工信息也在不断改变，要求工序图作出相应的改变。因此，工序图的生成过程是动态过程，不能完全固定其图形信息，当工件的形状、尺寸不断改变时，要求相应的改变绘图信息参数，以适应工序的变化要求。因此，CAPP 系统的工序图绘制仍是 CAPP 系统研制和开发的一个关键性技术难题。

5. 工时定额的制定

1）基本概念

工时定额是在一定的生产技术和生产组织条件下，充分利用生产工具、合理组织劳动和运用先进经验，规定生产一定量产品或完成一定量工作的劳动时间。在制造企业中，工时定额不仅涉及产品的生产周期与生产成本，而且涉及车间的生产任务安排和工人工资的核算。工时定额的制定需要参考与加工能力密切相关的车间设备情况、产品零件的合格率、精度要求、材料可加工性、工艺复杂程度等。因此，合理地制定工时定额，对于提高工人积极性，完善企业计划、技术、劳动管理工作、提高劳动生产率具有重大作用。

企业单件工时定额用计算公式可表示为

$$T_{\text{单件}} = T_{\text{作业}} + T_{\text{服务}} + T_{\text{休息}} + T_{\text{准终}}$$

其中，$T_{\text{作业}}$——直接用于制造产品或零部件所消耗的时间，是工时定额中最主要的部分，又可分为 $T_{\text{基本}}$（直接改变生产对象的形状、尺寸、相对位置、表面状态或材料性能所消耗的时间）和 $T_{\text{辅助}}$（为实现工艺过程所必须进行的各种辅助操作所消耗的时间，如装卸工件、退刀、进刀等）。

$T_{\text{服务}}$——照料工作地点及保持其正常工作状态所耗用的时间，如润滑机床、清理切屑、收拾工具等。

$T_{\text{休息}}$——工作人员恢复体力和满足生理需要所规定的时间。

$T_{\text{准终}}$——在成批生产中，还要制定准备与结束时间，即工作人员为了生产一批产品或零部件进行准备和结束工作所消耗的时间。

2）计算机辅助工时定额系统

计算机辅助工时定额制定系统的设计是基于数据库的管理信息系统。用户只需要输入生产对象的工时数据、数学模型公式等一些基础数据，就可以进行该生产对象相关工时定额的计算和使用，系统包括的主要功能有：

(1) 数据模型建立。生产对象的工时定额主要受各种参数的影响，如对于立车切削，影响其工时定额的参数有设备型号、刀具材料、加工对象、加工方法和加工方式等。不同的生产对象有其不同的影响参数，如对于普通铣床切削，其工时影响参数有机床类型、刀具材料、加工深度和铣刀宽度等，这就不同于立车切削的工时影响参数，所以不同的生产对象有不同的数据结构。

数据库设计的基本思路是先进行各生产对象的分类编码，确定各类的数据结构，然后提取各类的共性，最后确定和设计数据表。通过对各种加工工时形式的总结，一种是直接能够给出最后时间数据的，如各种辅助时间(上活、找正、卸活)、准终时间(准备、结束)，另一种是只能给出一些决定最后工时定额的切削参数，如各种切削标准，给出的是切削速度、切削深度、走刀次数等。

(2) 工时定额制定。在编制产品或零部件的工时定额时，首先从产品结构树中导入该产品或零部件的零件信息，然后执行工艺文档管理程序，打开产品、组件或零件对应的工艺文档，参照工艺文档填写工时定额。对于产品或零部件，要增加相应的装配、油漆、包装工艺的工时定额。工时定额的制定是通过输入工时定额编号去访问基础数据库和计算公式文件，查询出满足条件的基础数据，并结合具体工时计算公式计算出选定工序对应的工时。

(3) 工时定额管理。工时定额管理为用户提供一些基于数据表的数据查询、数据插入、数据删除、数据修改等功能，实现对基础数据库的维护，包括具体数据表、参数对应含义表、批量系数表、材料系数表和计算公式文件的维护。工时定额管理需要对用户进行分级，高级用户可以进行所有操作，如数据修改、删除，通常对应于企业的工时标准制定员；而普通用户只能进行数据的查询操作，通常对应于企业的工时定额员。

(4) 工时定额查询统计。工时定额的统计主要包括产品或零部件的所有零件的零件总工时、各类工艺总工时和工种总工时。除此之外，系统还具有任意产品、部件、零件的任意工艺类型的工时查询，任意零件任意工种的工时定额信息查询，具体某一工种的零件的工时定额信息查询等功能。

2.4 人工智能技术

2.4.1 人工智能技术在CAPP中应用状况

人工智能 AI(Artificial Intelligence)是20世纪50年代在美国首先兴起的一门综合性很强的边缘科学，它和“能源技术”、“空间技术”一起被誉为本世纪三大科学技术成就，引起了世界各国众多科学家和研究者的重视。有关问题求解、语音识别、自动程序设计、机器人学、计算机视觉、图像处理、专家系统、模糊逻辑、神经网络等人工智能的分支也日趋完善，日渐实用化。

众所周知，CAPP系统就其决策知识的应用形式来分，有常规程序和采用人工智能技术两种。前者把工艺设计决策知识用决策表、决策树或公理模型等技术来实现，实际上是把这两种工艺决策知识用是非判断的决策形式固化在系统中，用固化的是非逻辑代替人的判断，它在处理工艺设计时存在一定的缺陷：

(1) 工艺设计受生产环境的影响很大，甚至同一种零件、相同加工要求、相同的加工设备，在不同的工厂可能产生不同的工艺路线。

(2) 工艺决策中不确定因素很多，人的经验和知识起主导作用，常规创成型CAPP系统就有一定的局限性。而智能型CAPP系统是用专家系统来解决创成型工艺设计的缺点，从而形成工艺设计专家系统。

目前国内外已经出现的一些以专家系统为核心的智能型CAPP系统，由于未能很好地解决工艺知识的获取、计算机表示与处理、工艺决策算法等方面的问题，缺乏自主学习、解释与联想等功能，因此无论是实用化还是智能化水平均不能满足要求。采用人工获取工艺知识的方法，不仅困难大，工作效率低，而且知识的质量无法保证，因此它是开发工艺设计系统过程中的"瓶颈"。另外，由于知识表达方法单一，推理方法简单，只使用通用推理方式，而很少考虑工艺决策中一些自然的层次结构和特点，推理策略欠灵活，不能发挥联想记忆与直观判断能力，因此大多数现有系统解决问题能力差，也无法在系统运行中实现自我优化与创新，而且现有系统受生产环境与零件对象的约束很大，通用性较差。

针对上述问题，对于CAPP工艺推理系统的进一步研究已经成为人工智能技术应用中的一个活跃领域。近年来，CAPP系统提出了一系列新知识表达方法，如面向对象的方法，混合式知识表示模型、定性定量相结合的物元可拓表示方法以及各种模糊知识表示方法等；在推理方面，不精确推理有所发展；在系统结构方面，考虑工艺设计过程中一些自然层次结构及特点，使其与工艺决策相一致，出现了知识系统、分布式系统、多层次系统结构等。最新发展的神经网络利用自主学习功能、联想记忆能力及分布式并行信息处理的方法解决了传统工艺设计存在的问题，为人工智能和专家系统的研究开拓了新的方向。

2.4.2 专家系统

1. 定义

专家系统是一种问题求解的智能软件系统，它能把某一专业领域内专家的经验和知识表示成计算机能够接受和处理的符号形式，采用专家的推理方法和控制策略，解决该领域内只有专家才能解决的问题，并达到专家级水平。专家系统的优劣主要取决于它是否具有解决问题的丰富知识，故也叫知识基系统(KBS，Knowledge Based System)，专家系统不同于一般的数据处理系统，在传统的程序系统中，只是简单地存储答案，人们可以在机器中检索答案，而在专家系统中存储的不是答案，而是进行推理的能力和知识。

2. 专家系统基本结构

专家系统基本结构是围绕知识库KB(Knowledge Base)和推理机(Inference Engine)建立的。简单地说：专家系统＝知识＋推理。知识库存储的是从专家那里得到的关于某个领域的专门化知识，推理机能够根据问题推导出结论，具有推理能力。图2-21是专家系统基本结构示意图。

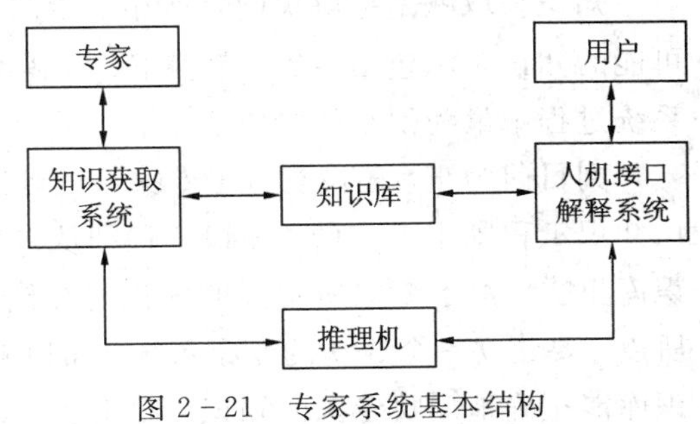

图2-21　专家系统基本结构

1) 知识库(Knowledge Base)

在专家系统中存放着以一定形式表示的专家知识和经验的集合。为有效地利用知识，应把存放在计算机外存储设备上的知识体系化、结构化，以便专家系统使用时能高效存取、检索和更新。为了建立知识库，我们需要解决如何存储知识的问题，这就是所谓的知识表达。确切地说就是如何以计算机能够存储的形式来表达知识。另一个与此相关的问题是如何从专家那里获得知识，即所谓的知识获取问题。

2) 推理机(Inference Engine)

推理机是控制、协调整个系统工作的机构。它根据系统当前接收到的信息，利用知识库中的知识，按一定的推理策略，去解决当前的问题。专家系统的能力来自于所储存的大量专家知识以及推理技术的应用。常用的推理策略主要有：正向推理、反向推理和混合推理。推理方式可分为：精确推理(要求领域知识表示成必然的因果关系和逻辑关系，推理所得结果是肯定或否定)和不精确推理(适用于知识是不完备、不精确甚至是模糊的情况)。我们所要求的推理方法应该是有效而又具有一定范围的。

3) 知识获取系统(Knowledge Acquisition System)

知识获取系统的任务是把人类专家头脑中的专门知识和推理能力提取出来，转化为计算机内部能识别的符号，经检测后装入知识库。知识获取系统也可修改、扩充知识库原有的知识。知识获取功能应为系统知识库的建立、扩充提供方便。知识获取功能不仅要考虑在原规则库中增删规则，还要考虑增删后的规则对系统可能得出的结论是否存在矛盾。

4) 人机接口解释系统(Man-machine Interface Explanation System)

人机接口是将专家和用户的输入信息翻译成系统可以接受的内部形式，同时把系统向专家或用户的输出信息转换为人类易于理解的形式。解释系统以用户易于接受的形式说明必要的推理过程，回答产生结论的理由。只有系统能解释自己的行为、推理和结论，用户才能信任系统。解释功能可以对系统的推理行为作出解释，解释不仅使结论易于为用户所理解、接受，帮助用户建立系统、调试系统，还可以对缺乏领域知识的用户起到传授知识的作用。到目前为止，专家系统中的解释功能还很有限。

3. 专家系统的建立过程

1) 知识获取

知识获取就是把解决问题所用的专门知识从某些知识来源变换为计算机运行的程序。可能的知识来源包括专家、教科书、资料库以及工程师自己的经验。知识获取是建立专家系统过程中最为困难的阶段之一。

到目前为止，还没有一个专家系统可以直接从专家那里获取知识。目前，知识获取是由知识工程师来完成的。知识工程师从专家那里获取知识，并把它以正确的形式储存到知识库里去。由于专家所掌握的知识与存储于计算机的知识形式之间通常存在较大的差别，所以，要建立一个成功的专家系统，知识工程师与专家之间要多次相互交换意见，以使知识库能正确地反映专家的知识。除此之外，知识工程师还要选择推理方法。

2）知识表示方法的选择

知识表示方法是知识库的核心，不仅涉及计算机存储信息的数据结构，而且包括智能管理这些数据结构以进行推理的过程。知识表示方法应该具有以下两个性质：

① 具有表达专家知识的能力；

② 能简单和方便地描述、修改和解释系统中的知识。因为专家的知识和经验经常改变，特别是在描述模型的初期更是如此，要适应这种情况，灵活性是很基本的。

3）知识库的建立

建立专家系统很大程度上取决于知识库的可用性。知识库设计包括以下主要的步骤：

a. 问题定义：规定目标、约束、知识来源。

b. 概念化：详细叙述问题如何分解成子问题；从假设、数据、中间推理、概念等方面说明每个子问题的组成；这些概念化如何影响可能的执行过程。

c. 问题的计算机表达：为子问题的各个组成部分选择表达方式。

d. 原型系统的建立。

e. 知识库的验证、完善、改进和推广。

4. 专家系统的知识表示与推理方法

在专家系统的范畴内，所谓“知识表示”包括两个方面的问题，一是用什么方法来组织、表示知识的问题；二是如何利用表示成一定形式的知识进行推理的问题。这二者是相互关联的、不可分割的。因为知识表示的方法、形式直接影响如何使用该知识的问题，而如何使用知识推理也常常随知识表示方法的不同而异。

迄今为止，知识表示方法有：逻辑表示法、语义网络表示法、框架表示法、规则表示法、过程表示法、物元法表示法、状态空间表示法、单元表示法以及神经网络方法等。事实上，由于每种知识表示方法都有优缺点，对于不同的领域知识及其推理方法，各种知识表示方法的效果也各不相同。所以，有不少系统不只使用单一的表示方法，而是混合使用几种表示方法，这样可以取长补短，充分利用各种表示方法的优点。本节介绍用于工艺设计专家系统中的规则和框架知识的表示方法。

1）规则表示法

规则表示法，又叫产生式表示法，是当前专家系统中最常用的知识表示方法之一。它将人类专家的知识表示成“如果＜条件＞，则＜结论＞”的形式，其一般形式为

IF　＜条件 1＞
AND/OR　＜条件 2＞ AND/OR…AND/OR＜条件 n＞
THEN　＜结论 1＞或＜操作 1＞
　＜结论 2＞或＜操作 2＞…＜结论 n＞或＜操作 n＞

这种规则又可称为“条件－结论”对或“情况－动作”规则。人们解决实际问题的经验和方法，有相当大的一部分可以用这种方式来表示。

现以车床工作状况的描述为例，说明其知识组织。图 2－22 表示了知识库中的规则形成的网络。终点结点是证据结点（事实），利用事实处理问题和推导结论的专门知识构成了规则。例如，如果电源有电、熔体正常且油箱有油，则润滑泵能旋转。其中有以下六条规则：

规则 1：如果 ＜油箱有油＞且＜电源有电＞且＜熔体正常＞，则 ＜润滑泵旋转＞；

规则 2：如果 ＜电源有电＞且＜熔体正常＞，则 ＜主电动机旋转＞；

规则 3：如果 ＜主传动连接＞且＜润滑泵旋转＞且＜主电动机旋转＞，则 ＜主轴旋转＞；

规则 4：如果 ＜进给传动连接＞且＜润滑泵旋转＞且＜主电动机旋转＞，则 ＜刀架移动＞；

规则 5：如果 ＜主轴旋转)且＜刀架移动＞且＜车刀在刀架上＞，则 ＜能进行车削＞；

规则 6：如果 ＜钻头在尾座顶尖孔内＞且＜主轴旋转＞，则 ＜能进行钻孔＞。

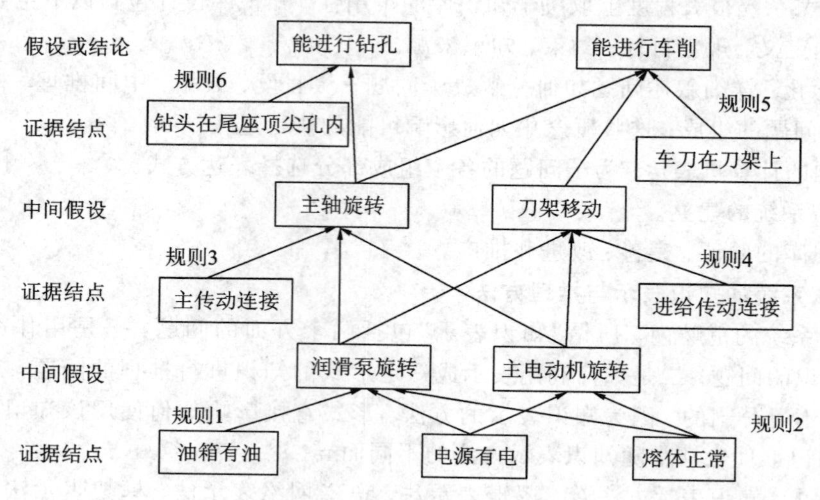

图 2-22　知识库中的规则与树

2) 产生式系统

产生式系统由产生式规则、总数据库和控制策略三部分组成。

产生式规则就是使用前面介绍的规则表示法表述专家领域的知识。规则的增删或修改可相对独立地进行，规则之间的相互作用只有通过全局数据库才会发生。

总数据库又叫动态数据库(事实库)。它类似缓冲器存储数据，存储着问题的初始数据和推理过程中的动态数据、上下文结果及最后结论，一条规则在被启用(激活)之前，规则的条件部分必须出现在事实库中。通常，规则的执行会向数据库中加入新的事实，或者更新、删除数据库中的旧事实。

控制策略的作用是选用规则，如何应用规则。从选择规则到执行操作可分为匹配、冲突解决和行动三个过程。在匹配阶段，规则解释程序将每一条规则的 IF 部分同事实库中的内容去匹配，如果两者完全匹配，则该规则可能被激活。但是，通常规则的 IF 部分和事实库中事实完全匹配的规则不止一条，推理机将这些规则选出，构成冲突集。在冲突解决阶段，推理机按照一定的冲突解决策略，从冲突集中选出一条规则以便执行。在执行阶段，执行由冲突解决选出的规则。上述三个阶段周期性地执行，直到求出问题的解或不再有规则能被激活为止。

产生式系统的推理有正向推理和和反向推理两大类。正向推理是从已知的事实出发，按照一定的控制策略，利用产生式规则，不断地修改、扩充数据库，最终推断出结论。这种方法由于是从初始数据推出结论，所以又叫数据驱动策略，应用这种推理方法，用户必须首先提供一组事实，存放到事实库中，然后推理机进行如下工作：

(1) 扫描规则库，找出与当前事实库相匹配的规则，构成冲突集。

(2) 利用冲突解决策略，从冲突集中选出一条规则，执行其操作部分，并将其结论作为新事实存入事实库。

(3) 利用更新后的事实库重复上述(1)、(2)两步，直到不再有规则适用或问题得到解决为止。

图2-23表示了车床工作状况的正向推理树。正向推理适合于求解那种由已知事实推断出各种可能结论的问题，其优点在于推理机可以很快地对用户输入的数据做出反映，而不必使用户等待到程序需要时才提供信息。这种控制策略也适合于求解那些多目标的问题，但这种方式在知识库变得较庞大时，规则的激活与执行没有目的，求解了许多无用的目标。

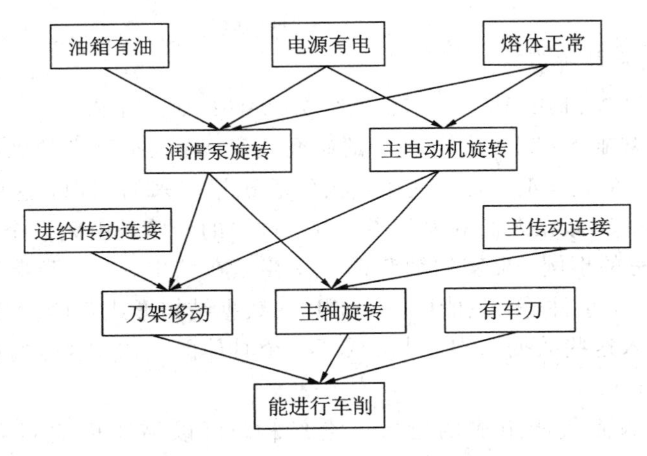

图2-23　正向推理树

反向推理则是首先提出假设，然后反向寻找支持这些假设的证据，故亦称目标驱动策略。所以，在反向推理系统中，除了有规则库、事实库外，还要有一组假设，即系统可能得出的结论。其推理的过程是；

(1) 首先验证事实库中是否有假设，若有，则假设成立；否则，进行下一步。

(2) 将结论部分包含此假设的规则找出，若无规则适用，则向用户提问该假设；若有一条以上的规则适用，则应按冲突解决策略选出一条规则。

(3) 将该规则的条件部分设定为子假设，重复上述(1)、(2)两步，验证新的假设，即推理过程表现为递归的形式，直到判明假设是否成立或不再有规则适用为止。

例如，在图2-24的例子中，要验证是否能在车床上进行钻孔，“能进行钻孔”不在数据库中，也不是证据结点，即第一步不满足。在第二步找出它是规则6的结论部分。规则6有两个前提——“钻头在尾座顶尖孔内”和“主轴旋转”，把这两项作为新的假设逐个验证，“钻头在尾座顶尖孔内”不满足第一步，但它是证据结点，于是问用户：“钻头在尾座顶尖孔内吗”？用户回答“是”。再验证“主轴旋转”，它不满足第一步，是规则3的结论部分，则规则3的前提“润滑泵旋转”、“主电动机旋转”和“主传动接上”成为新的假设。其中“主传动接上”为证据结点，需要问用户：“主传动连接了吗?”用户回答“是”。而“润滑泵旋转”和“主电动机旋转"分别是规则 1 和规则 2 的结论部分，规则 1 和规则 2 的前提均为证据结点，需要问用户："油箱有油吗?"，"有"，"电源有电吗?"，"有"，"熔体正常吗?"，"是"。这样系统证实了"能进行钻孔"，完成了推理过程。

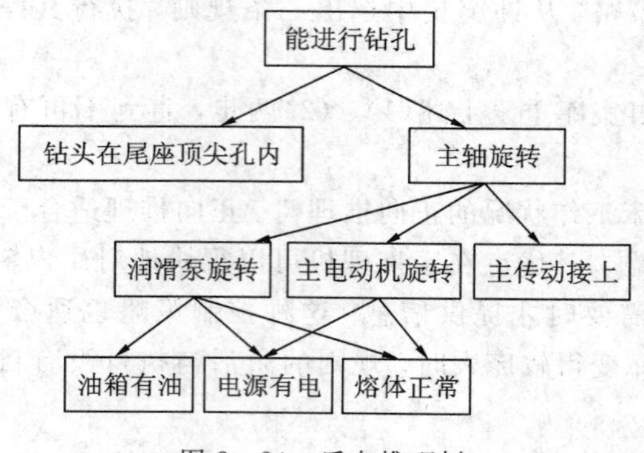

图 2-24 反向推理树

3) 框架表示法及其推理

框架表示模式是 M. Minsky 于 1975 年在视觉知识(Visual Perception)、自然语言对话和其他复杂行为的基础上提出的。心理学的研究表明，在人类日常的思维及问题求解活动中，当分析和解释新的情况时，常常使用过去经验积累起来的知识，这些知识规模巨大而且以很好的组织形式存储在人们的大脑中。由于过去的经验是由无数个具体事例、事实组成，人们无法把所有的事例、事实的细节都一一存储在脑中。对一类典型的事实，如一个状况、一个概念、一个事件等，只能以一个通用的数据结构形式存储。当新的情况发生时，只要把新的数据加入这些数据结构，就形成了一个具体的实体。这样的典型实体的数据结构一般称为框架(Frame)。

框架是由槽一侧面值所组成的层次嵌套结构，可以描述格式固定的事物、行动和事件。

框架有框架名，框架由一组描述物体各个方面的槽(slot)所组成。例如，对零件信息的描述中，回转体类零件就是一个框架，可由几何特征、工艺特征等来描述，这些特征就是槽。对于复杂的事物，可由若干个框架组成一个框架系统来表示。

槽有槽名，槽由若干个侧面(facet)所组成，侧面有各种不同类型。每个槽所包含的侧面类型并不是固定的。每个槽都有填入这个槽的值，称为填充值。每个槽还可能有一组与它有关的条件，当填入填充值时，必须满足此条件。例如，在回转体类零件描述的几何特征槽中填入的必须是型面或形体的名称，有平面、外圆柱面、孔等，不可能是数字。对于结构复杂的槽，还可以用子槽结构。

侧面有侧面名，根据填入槽的值有不同类型。侧面有以下一些类型：

"值"侧面(value facet)：确切知道有关事物的填充值；

"默认"侧面(default facet)：缺少有关事物的填充值，又无直接反面证据时，可按惯例或一般情况下的填充值填入；

"如果需要"侧面(If-needed facet)：填入过程信息，如一些经验公式；

"如果加入"侧面(If-added facet)：填入应该做什么的信息。

框架的表达方法可以归纳如下：

(<框架系统>(<框架1>(<槽1>(<侧面1>(<值1>)…) …) …)…)

(<值2>)

(<侧面2>(<值1>)…)…)

(<槽2>(<侧面1>(<值1>)…) …)…)

(<框架2>(<槽1>(<侧面1>(<值1>)…) …) …)

图2-25表示了零件信息的框架表达。

框架适于描述格式固定的事物、行动和事件。有关的框架可以聚集起来组成框架系统，以便从不同角度来描述物体和复杂的事物。通过框架描述物体或情况的信息、物体具有的属性、典型事例等，可推论出未被观察到的事实。

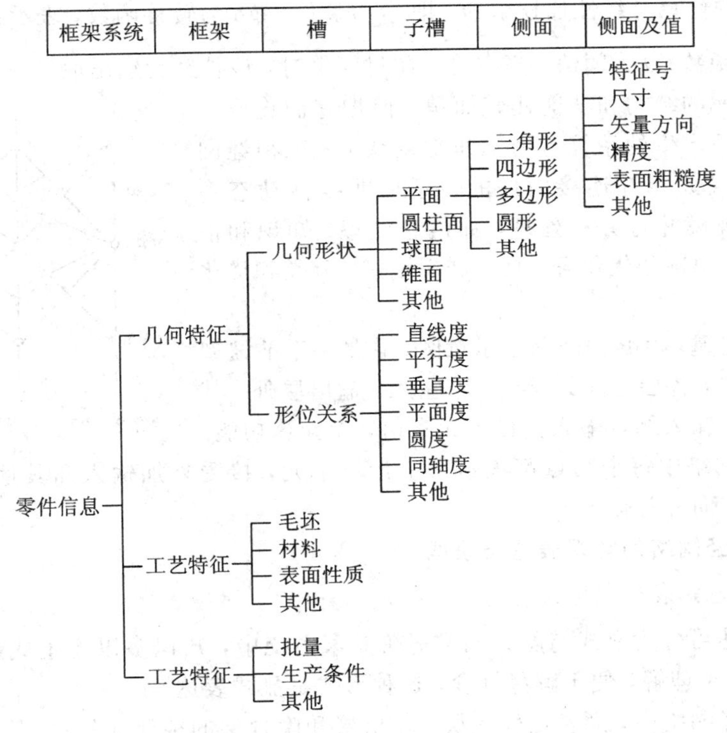

图2-25 零件信息的框架表达

2.4.3 人工神经网络在CAPP系统中的应用

人工神经网络(ANN，Artificial Neural Network)理论是近年来得到迅速发展的一个国际前沿研究领域。它具有信息的分布式存储、并行处理、自组织、自学习及联想记忆等特性。应用神经网络理论建立CAPP系统开发工具，不需要组织大量产生式规则，也不需要树搜索，机器通过ANN模型的推理机制，实现计算推理代替系统的符号推理；通过学习机制可以自学习、自组织，这为解决长期困扰CAPP系统的知识获取与推理困难这一问题开辟了新的途径。这里本文将以神经网络理论为依据，探讨其在CAPP系统开发工具中的应用。

1. 人工神经网络的基本结构

人工神经网络是由大量神经元(neuron)组成的。神经元是种多输入、单输出的基本单元，从信息处理的观点出发，为神经元构造了多种形式的数学模型，其中最经典是 M－P 模型。图 2－26 给出了这种模型的结构示意图。

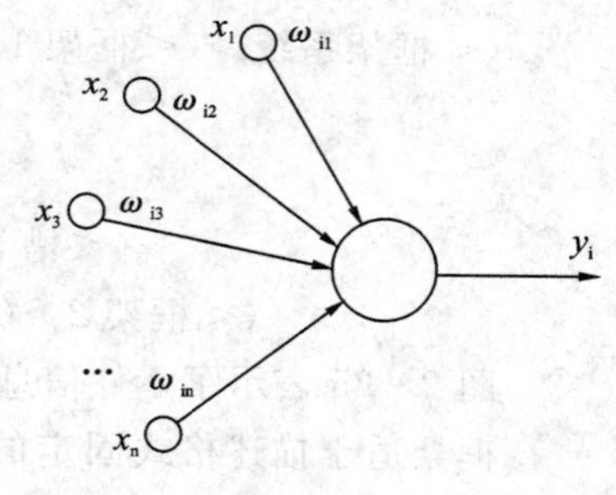

图 2－26　神经元的 M－P 模型

该模型的数学表达式为

$$y_i = \mathrm{sgn}(\sum_j \omega_{ij} x_j - \theta_i)$$

式中，y_i 为神经元 i 的输出；x_j 为神经元 i 的输入 $j=1$, 2…, n；ω_{ij} 为神经元 j 对神经元 i 作用的权重；$\sum_j \omega_{ij} x_j$ 表示神经元的 i 净输入。它是利用某种运算给出输入信号的总效果，最简单的运算是线性加权求和，即 $\sum_j \omega_{ij} x_j$ 。sgn 为转移函数，表示神经元的输出是其当前状态的函数；θ 为阈值，当净输入超过阈值时，该神经元输出取值＋1，反之为－1。

每个神经元的结构和功能比较简单，但把它们连成一定规模的网络而产生的系统行为却非常复杂。人工神经网络是由大量神经元相互连接而成的自适应非线性动态系统，可实现大规模并行分布处理，如信息处理、知识和信息存储，学习、识别和优化等，具有联想记忆、分类和优化决策等功能。

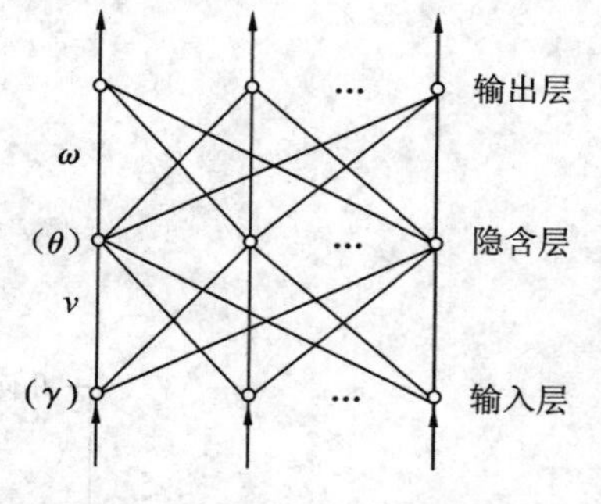

图 2－27　基本 BP 网络模型

图 2－27 是基本 BP 神经网络示意图。它是一个前馈型网络，分若干层，各层之间无反馈，除输入、输出层外，其余均为隐含层。输入结点输入矢量各元素值，无计算功能。在反馈型神经网络中每个结点都表示一个计算单元，接受外加输入和其他结点的反馈输入，同时也直接向外部输出。

2. 人工神经网络的知识表达与获取

1）知识的显式表达与隐式表达

知识的表达可分为显式与隐式两类。在专家系统中，知识多以产生式规则描述出来，直观、可读，易于理解，便于解释推理，这种形式是显式表达。

在人工神经网络中，通常由输入层、输出层和隐含层的神经元组成，每个神经元对输入进行加权求和，对和值进行阈值处理产生输出值。它利用多层误差修正、梯度下降法等学习算法，在样本集的支持下进行若干次离线学习，充分调整各层神经元之间的权重，从而获得并表达样本中所蕴含的知识。由于这时的知识是以隐式的方式分布存储在各权重中的，故称为隐式表达。这种表达方式可以表达难以符号化的知识、经验以及容易忽略的知识(如常识性知识)，甚至尚未发现的知识，从而使人工神经网络具有通过现象(实例)发现本质(规则)的能力。

2）基于实例的知识获取方式

人工神经网络中，知识来自于样本实例，是从用户输入的大量实例中通过自学习得到规律、规则，不是像专家系统那样由程序提供现成的规则。所谓学习，就是改变神经网络中各个神经元之间的权重，而自学强调了根据样本不断地修正各个神经元之间权重的过程，所以是一种自动获取知识的形式。

3. 人工神经网络的学习(训练)

人工神经网络中，学习算法很多，最著名的是由 D. O. Hebb 于 1949 年提出 Hebb 的学习规则，如图 2-28 所示。

Hebb 学习规则符合“条件反射”原则，将规则假定为：当两个细胞同时兴奋时，它们之间的连接权强度应该加强。其学习算法可以简单地归纳为：如果一个处理单元从另一处理单元接收输入激励信号，当两者都处于高激励电平时，那么处理单元间的加权就应当增强，若用数学表达，就是两结点的连接权将改变两结点的激励电平的乘积，即

$$\Delta\omega_{ji} = \omega_{ji}(n+1) - \omega_{ji}(n) = \eta y_j x_i$$

其中，$\omega_{ji}(n)$表示第$(n+1)$次调节前，从结点 j 到结点 i 的连接权值；$\omega_{ji}(n+1)$是第$(n+1)$次调节后，从结点 j 到结点 i 的连接权值；η 为学习速率；y_j 为结点 j 的输出，x_i 为结点 i 向结点 j 的输入，如图 2-29 所示。

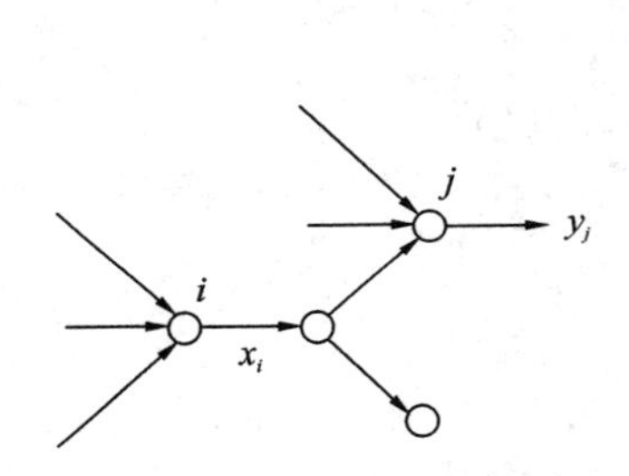

图 2-28　Hebb 学习规则

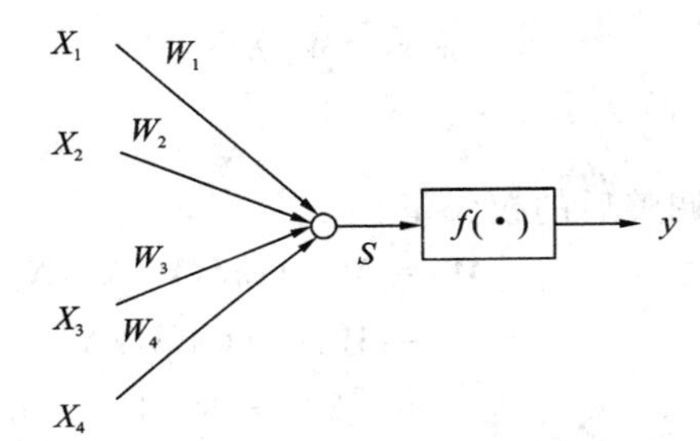

图 2-29　Hebb 学习规则示例

由 Hebb 学习规则，学习信号简单地等于神经元的输出：

$$r_j = y_j = f(W_j, X) \tag{2-1}$$

权矢量的调整量为

$$\Delta W_j = \eta r_j X^T = \eta f(W_j, X) X^T \tag{2-2}$$

单个权(元素式)用下式的增量调整：

$$\Delta\omega_{ji} = \eta r_j x_i = \eta f(W_j, X) x_i \tag{2-3}$$

简单地写为 $\Delta\omega_{ji} = \eta r_j x_i = \eta y_j x_i$

例　设有四个输入单个输出的神经网络，即 $\boldsymbol{X}=[x_1, x_2, x_3, x_4]^T$。现用三个输入样本矢量进行训练，样本矢量为

$$\boldsymbol{X}_1=\begin{bmatrix}1\\-2\\1.5\\0\end{bmatrix},\ \boldsymbol{X}_2=\begin{bmatrix}1\\-0.5\\-2\\-1.5\end{bmatrix},\ \boldsymbol{X}_3=\begin{bmatrix}0\\1\\-1\\1.5\end{bmatrix}$$

初始权矢量 $W_1=[1\quad -1\quad 0\quad 0.5]$，阈值 $\theta=0$，学习速率 $\eta=1$，试进行 Hebb 学习。

解：因为初始权具有非零值，表明这个网络(见图 2-29)事先已经明显地受过训练。

转移函数采用符号函数：

$$f(s)=\text{sgn}(s)=\begin{cases}+1 & (s\geqslant 0)\\ -1 & (s<0)\end{cases}$$

a. 将 X_1 作输入，施于网络，计算净输入：

$$s_1 = \boldsymbol{W}_1 \boldsymbol{X}_1 = [1 \quad -1 \quad 0 \quad 0.5] \begin{bmatrix} 1 \\ -2 \\ 1.5 \\ 0 \end{bmatrix} = 3$$

调整后的权矢量：

$$\begin{aligned} \boldsymbol{W}_1 &= \boldsymbol{W}_1 + \eta f(\boldsymbol{W}_1 \boldsymbol{X}_1) \boldsymbol{X}_1^{\mathrm{T}} \\ &= \boldsymbol{W}_1 + \mathrm{sgn}(s_1) \boldsymbol{X}_1^{\mathrm{T}} \\ &= [1 \quad -1 \quad 0 \quad 0.5] + [1 \quad -2 \quad 1.5 \quad 0.5] \\ &= [2 \quad -3 \quad 1.5 \quad 0.5] \end{aligned}$$

b. 将 X_2 作输入，施于网络，计算净输入：

$$s_2 = W_2 X_2 = [2 \quad -3 \quad 1.5 \quad 0.5] \begin{bmatrix} 1 \\ -0.5 \\ -2 \\ -1.5 \end{bmatrix} = -0.25$$

调整后的权矢量：

$$\begin{aligned} \boldsymbol{W}_3 &= \boldsymbol{W}_2 + \eta f(\boldsymbol{W}_2 \boldsymbol{X}_2) \boldsymbol{X}_2^{\mathrm{T}} \\ &= \boldsymbol{W}_2 + \mathrm{sgn}(s_2) \boldsymbol{X}_2^{\mathrm{T}} \\ &= [2 \quad -3 \quad 1.5 \quad 0.5] + [1 \quad -0.5 \quad -2 \quad -1.5] \\ &= [1 \quad -2.5 \quad 3.5 \quad 2] \end{aligned}$$

c. 将 X_3 作输入，施于网络，计算净输入：

$$s_3 = W_3 X_3 = [1 \quad -2.5 \quad 3.5 \quad 2] \begin{bmatrix} 0 \\ 1 \\ -1 \\ 1.5 \end{bmatrix} = 3$$

调整后的权矢量：

$$\begin{aligned} \boldsymbol{W}_4 &= \boldsymbol{W}_3 + \eta f(\boldsymbol{W}_3 \boldsymbol{X}_3) \boldsymbol{X}_3^{\mathrm{T}} \\ &= \boldsymbol{W}_3 + \mathrm{sgn}(s_3) \boldsymbol{X}_3^{\mathrm{T}} \\ &= [1 \quad -2.5 \quad 3.5 \quad 2] + [0 \quad 1 \quad -1 \quad 1.5] \\ &= [1 \quad -3.5 \quad 4.5 \quad 0.5] \end{aligned}$$

显见，例题充分阐释了 Hebb 学习的基本过程：将样本训练数据加到网络输入端，每个神经元对输入进行加权求和，对和进行阈值处理产生输出值，将相应的期望输出与网络输出相比较，得到误差信号，以此调整权值，经计算至收敛后给出确定的权值。如果样本变化，则要再学习。

4. 神经网络模型在 CAPP 工时定额中的应用

工时定额也称单件时间定额，是 CAPP 系统需要解决的重要问题。它由基本加工时间、辅助时间、布置工作场地时间、休息及生理需要时间等组成。每一时间有可能包含若干项内容。例如辅助时间由装卸工件、开停机床、测量工件、手动进给和退刀等项目组成。因此，影响工时定额的因素庞大复杂。

目前，确定工时定额主要是查表法与数学模型法，由于数据非常庞杂，且各因素间存在复杂非线性关系，造成这些方法实用性不强。这里通过介绍人工神经网络模型在工时定额计算中的应用，使读者初步了解神经网络技术在CAPP系统建模中的应用。

如前面所述，时间定额由基本时间(T_1)和服务时间(T_2)组成。影响基本时间的主要因素有：加工方法(M)，特征尺寸(L_1 和 L_2)，尺寸公差(IT)，表面粗糙度(Ra)，走刀次数(I)；影响服务时间的次要因素有：零件最大轮廓尺寸(S)，零件重量(Q)，刀具材料(T_m)，工件材料(W_m)以及批量(N)。

利用人工神经网络建立从主要因素到基本时间(T_1)和加工时间(T_3)之间的映射关系(加工时间 $T_3=T_1+T_2$)为

$$(M, IT, Ra, L_1, L_2, I) \rightarrow (T_1, T_3)$$

网络结构为单隐层BP网络，输入结点为6，输出结点为2，隐层结点数为8。

网络训练采用加入动量项的改进BP算法：学习率 $\alpha=0.7$，动量系数 $\beta=0.9$，最大学习误差 $\varepsilon=0.0001$。

训练样本的获取是将工厂实际生产中一些有代表性的零件特征表面及其典型加工方法，通过实测及统计，确定其加工时间和单件时间，构成样本集。网络训练可采用MATLAB的神经网络工具箱进行。表2-15为文献[11]对50个轴类零件的单件时间定额及零件特征的机动时间的部分实测结果，作为网络学习训练样本。表2-16为训练样本点上网络输出结果与实际值比较，由表2-16中可以看出，训练误差和泛化误差均很小，表明用神经网络进行工时定额完全可行。

实践证明，通过神经网络方法可以解决工艺过程设计问题，进而克服了基于符号推理的专家系统在推理过程出现的“组合爆炸”、“匹配冲突”以及推理所依据的产生式规则知识获取的“瓶颈”问题。

神经网络方法对样本的学习机制使系统处于不断学习的动态过程中，每次新零件的输入如果均视为样本，则最终将使CAPP系统与CAPP系统开发工具之间的界限逐渐淡化，直至消失。这正是以神经网络为基础的CAPP系统开发工具研究的远大前景。

表2-15　样本点上网络计算结果

加工方法	尺寸精度	表面粗糙度 R_a	长度/mm	直径/mm	走刀次数	基本时间	输出结果	加工时间	输出结果
车削	IT10	6.25	210	15	1	0.62	0.62	2.07	2.28
	IT7	0.8	350	25	2	4.2	4.19	14	13.8
	IT7	0.8	400	90	2	17.2	17.3	57.3	61.8
	IT8	1.6	560	50	2	12	11.9	40	10.1
	IT9	3.2	700	60	2	16.4	16.4	65.6	57.2
	IT7	0.8	850	40	3	23.8	24.5	119	112
磨削	IT8	1.6	210	15	1	0.15	0.16	1.1	1.2
	IT8	1.6	350	25	1	0.4	0.41	1.33	1.42
	IT6	0.4	560	50	4	5.74	5.99	28.7	30.7
	IT7	0.8	700	60	3	4.81	4.83	24.1	24.1

表 2-16 非样本点上网络计算结果

加工方法	尺寸精度	表面粗糙度 R_a	长度 /mm	直径 /mm	走刀次数	基本时间	输出结果	加工时间	输出结果
车削	IT11	12.5	210	15	1	0.57	0.57	1.9	2.11
	IT9	3.2	350	25	1	1.76	1.77	5.87	5.91
	IT11	12.5	400	90	1	6.25	6.31	20.8	20.2
	IT11	12.5	560	50	1	4.8	4.6	16.1	16.1
磨削	IT9	3.2	350	25	1	0.34	0.34	1.13	1.35
	IT9	3.2	560	50	1	0.97	1.07	3.88	4.2
	IT7	0.8	850	40	3	3.87	19.4	18.9	19.1

2.4.4 物元可拓方法在 CAPP 系统中的应用

机械加工工艺方案评价选择是企业生产技术准备工作的一项重要内容，联系产品设计和车间生产，是经验性很强且随生产纲领、生产条件和产品工艺特征变化的动态决策过程。CAPP 在进行工艺方案选择和评价的过程中遇到的困难是：由于评价因素多、关系复杂且经常变化，侧重不同的目标，就会产生不同的方案；评价指标中既有定量值，也有定性描述，有时往往存在矛盾和不相容的情况。这些都为计算机建立评价模型造成了困难。可拓学方法在解决此类问题具有很大优势，我们使用可拓学中的多维物元描述评价方案，通过计算优度定量评价加工方案的优劣。

1. 可拓学基础

可拓学是我国学者蔡文于上世纪 80 年代创立，物元理论、可拓集合理论和可拓逻辑是组成可拓学的三大支柱。物元理论为知识的表达提供形式化工具，可拓集合和可拓逻辑则为解决矛盾问题提供了定量化的数学方法。

1) 物元

以物 o_m 为对象，c_m 为对象特征，v_m 为特征量值的有序三元组，记为

$$M = |o_m,\ c_m,\ v_m|$$

2) 距

设 x 为实轴上任一点，$X_0 = \langle a,\ b\rangle$ 为实域上任一区间，则点 x 与区间 X_0 之距，记为

$$\rho(x,\ X_0) = \left|x - \frac{a+b}{2}\right| - \frac{b-a}{2} \tag{2-4}$$

3) 位值

设 $X_0 = \langle a,\ b\rangle$，$X_0\langle c,\ d\rangle$，$X_0 \subset X$，则点 x 与 X_0 和 X 组成的区间套的位值为

$$D(x,\ X_0,\ X) = \begin{cases} \rho(x,\ X) - \rho(x,\ X_0) & x \notin X_0 \\ \rho(x,\ X) - \rho(x,\ X_0) + a - b & x \notin X_0 \end{cases} \tag{2-5}$$

4) 关联函数

设 $X_0 = \langle a,\ b\rangle$，$X_0 = \langle c,\ d\rangle$，$X_0 \subset X$，令

$$k(x) = \begin{cases} \dfrac{\rho(x,\ X_0)}{D(x,\ X_0,\ X)} - 1,\ \rho(x,\ X_0) = \rho(x,\ X)\ 且\ x \notin X_0 \\ \dfrac{\rho(x,\ X_0)}{D(x,\ X_0,\ X)}, \qquad 其他 \end{cases} \tag{2-6}$$

则称 $k(x)$ 为点 x 关于 X_0 和 X 在 X_0 的中点取得的最大值的初等关联函数。

2. 工艺方案的可拓优度评价方法

建立在关联函数计算基础上的优度评价是可拓学中评价一个对象、策略、方法优劣的基本方法。在机械加工艺方案选择中引入可拓优度评价方法，较好地解决了部分工艺信息难以精确描述的问题，同时具有计算简便实用，便于计算机编程的优点。具体步骤如下：

1）确定评价指标体系

工艺方案评价指标体系要从生产、技术、质量、经济等方面的要求出发，选取最具代表性，对方案实现起重要作用的指标，选取数据应容易取得，且变化具有规律性。通过选取加工质量、生产能力等 3 个一级指标和平均工序能力、单件工艺成本、单件加工时间等 11 个二级指标，建立加工工艺方案的二级评价体系。

2）建立物元模型

用 N_{0j} 表示所划分的 j 个评价方案，C 表示 N_{0j} 对应的评价指标。各类别 N_{0j} 对应评价指标 C 所选的数据范围称经典域，经典域取值以与评价对象有关的原始资料为基础，其量值范围为 $V_{0ji}=\langle a_{0ji}, b_{0ji}\rangle$。将由标准事物 N_0 加上可转化事物的所有可能取值的极限区间称节域，量值范围为 $V_{0ji}=\langle c_{pji}, d_{pji}\rangle$。则建立的经典域物元 R_0 和节域物元 R_p 分别为

$$R_0=\begin{vmatrix} N_0, & C_1, & \langle a_1, b_1\rangle \\ & C_2 & \langle a_1, b_1\rangle \\ \vdots & \vdots & \vdots \\ & C_n & \langle a_n, b_n\rangle \end{vmatrix} \qquad R_p=\begin{vmatrix} N_p, & C_1, & \langle c_1, d_1\rangle \\ & C_2 & \langle c_2, d_2\rangle \\ & C_n & \langle c_n, d_n\rangle \end{vmatrix}$$

3）确定权重

首先应排除某些不满足特定指标的方案。其他指标根据重要程度赋予[0，1]的权重，权重确定方法可采用层次分析法、信息熵权法等。权系数记为 $A=(\alpha_1, \alpha_2, \cdots\alpha_n)$，$\sum_{k=1}^{n}\alpha_k=1$。

4）关联度及其规范化

按照式(2－4)～(2－6)分别计算，确定评价方案对于各等级的关联度。为便于同类型指标进行分析比较，应对关联度规范化，记为

$$K'_j(v)=\frac{k_j(v)}{\max|k_j(v)|} \tag{2-7}$$

5）计算优度

考虑到各评价指标处于不同层次或权重过小的情况时，首先计算最底层的优度 K_j；然后再根据上一层权重 A，计算上一层优度，合成评价结果矩阵 $\boldsymbol{K}$。优度是反映备选方案接近理想方案的度量，优度越大，说明该方案越佳。

$$K_{pj}=\sum_{i=1}^{n}\alpha_i K'_j(V) \tag{2-8}$$

$$K=A\cdot K_{pj} \tag{2-9}$$

3. 加工工艺方案评价实例分析

针对万向节滑动叉架零件(如图 2－30 所示)的机械加工，提出三套不同加工工艺方案。方案 A 采用通用机床组成机群式布局，加工工艺如下：(5)车端面、外圆、螺纹；(10)

钻、扩花键底孔、锪沉头孔；(15)花键孔倒角；(20)钻锥螺纹孔；(25)拉花键孔；(30)粗铣叉脚两端面；(35)钻、扩 ϕ39 两孔；(40)镗 ϕ39 两孔；(45)磨叉脚两端面；(50)钻 4-M8 底孔；(55)攻螺纹及锥螺纹 Rc1/8。

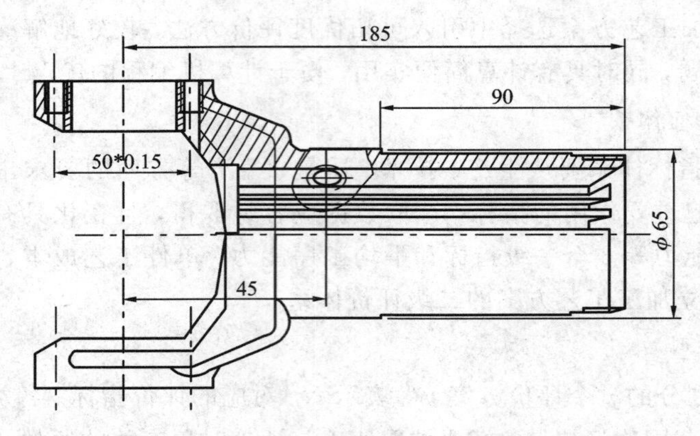

图 2-30 万向节滑动叉架零件简图

方案 B 采用专用车床、卧式拉床、专用镗床和专用钻床组成生产线，工艺路线为：(5) 车端面、外圆、螺纹，钻、扩花键底孔、锪孔；(10)拉花键孔；(15)钻、镗 ϕ39 两孔、平端面；(20)钻底孔、攻螺纹。

方案 C 采用镗铣复合加工中心和数控车床构成制造系统，加工工艺如下：(5)粗精铣叉脚两端面，钻、扩、铰 ϕ39 两孔，铣外圆端面，钻、扩花键底孔并倒角，锪沉头孔，钻 4-M8底孔，攻螺纹及锥螺纹 Rc1/8；(10)车外圆、车螺纹。

依据文献[14]建立的评价体系和提供的计算公式，对其中的定量指标进行了测算，定性指标则采取专家打分的方式，由此形成了三种加工方案的评价指标统计表。

表 2-17 机械加工工艺方案评价指标统计表

评价指标			方案			节域	经典域[a, b]		
			A	B	C	[c, d]	差	中	优
加工质量B1	平均工序能力	C1	1.2	1.5	1.6	[0.5,2.5]	[0.6,0.9]	[1,1.3]	[1.4,1.7]
	零件合格率/%	C2	93	94	92	[0.6,1]	[0.7,0.79]	[0.8,0.89]	[0.90,0.99]
	零件返修率/%	C3	96	93	88	[0.6,1]	[0.70,0.79]	[0.80,0.89]	[0.90,0.99]
	工艺过程稳定性/%	C4	87	95	82	[0.6,1]	[0.70,0.79]	[0.80,0.89]	[0.90,0.99]
生产能力B2	单件加工时间/min	C5	45	17	22	[0,60]	[42,56]	[27,41]	[12,26]
	生产物流方式/%	C6	85	92	83	[0.6,1]	[0.70,0.79]	[0.80,0.89]	[0.90,0.99]
	工艺系统柔性/%	C7	91	87	96	[0.6,1]	[0.70,0.79]	[0.80,0.89]	[0.90,0.99]
经济效益B3	单件工艺成本/元	C8	64	50.6	69	[40,90]	[73,87]	[58,72]	[43,57]
	设备折旧费/万元	C9	32.5	47.7	55.3	10,70]	[15,30]	[31,45]	[46,60]
	人均产值/万元	C10	8.7	13.3	12.2	[0,20]	[4.5,7.5]	[7.6,10.6]	[10.7,14.7]
	人均盈利/万元	C11	1.9	2.6	2.9	[0,50]	[0.3,1.3]	[1.4,2.4]	[2.5,4.5]

1) 第二层次可拓综合评价

(1) 建立物元模型。以加工质量 B1 为例，将各评价指标划分为优、中、差三个等级。

各等级物元经典域、节域分别如下：

$$R_{01}=(N_{01},C,V_{01})=\begin{vmatrix} N_{01} & C_1 & \langle 1.4, 1.7\rangle \\ & C_2 & \langle 0.9, 0.99\rangle \\ & C_3 & \langle 0.7, 0.79\rangle \\ & C_4 & \langle 0.9, 0.99\rangle \end{vmatrix}$$

$$R_{02}=(N_{02},C,V_{02})=\begin{vmatrix} N_{02} & C_1 & \langle 1.0, 1.3\rangle \\ & C_2 & \langle 0.8, 0.89\rangle \\ & C_3 & \langle 0.8, 0.89\rangle \\ & C_4 & \langle 0.8, 0.89\rangle \end{vmatrix}$$

$$R_{03}=(N_{03},C,V_{03})=\begin{vmatrix} N_{03} & C_1 & \langle 0.6, 0.9\rangle \\ & C_2 & \langle 0.7, 0.79\rangle \\ & C_3 & \langle 0.9, 0.99\rangle \\ & C_4 & \langle 0.7, 0.79\rangle \end{vmatrix}$$

$$R_p=(N_p,C,V_p)=\begin{vmatrix} N_p & C_1 & \langle 0.5, 2.5\rangle \\ & C_2 & \langle 0.6, 1.0\rangle \\ & C_3 & \langle 0.6, 1.0\rangle \\ & C_4 & \langle 0.6, 1.0\rangle \end{vmatrix}$$

(2) 确定待评物元。将三种方案指标数据用物元表示：

$$R_i=(N_i,C,V_p)=\begin{vmatrix} N_i & C_1 & v_{i1} \\ & C_2 & v_{i2} \\ & C_3 & v_{i3} \\ & C_4 & v_{i4} \end{vmatrix}(i=1, 2, 3)$$

(3) 确定权重。对 $C_1 \sim C_4$ 按照相互之间重要性取比值 1∶3∶5∶3，两两比较，通过层次分析法得出加工质量各指标权重为 $A_1=(0.52, 0.08, 0.20, 0.20)$。

(4) 计算关联度并规范化。根据式(2-4)～(2-6)计算三种方案与优劣等级的关联度，按照式(2-7)进行关联度规范化，得：

$$K_1'=\begin{vmatrix} -1 & 0.664 & -0.685 \\ 0.325 & -0.8 & -0.933 \\ 1 & -1 & -0.5 \\ -0.047 & 0.334 & -0.5 \end{vmatrix}$$

$$K_2'=\begin{vmatrix} 0.505 & 0.664 & -0.856 \\ 1 & -1 & -1 \\ 0.25 & -0.572 & -1 \\ 1 & -1 & -1 \end{vmatrix}$$

$$K_3'=\begin{vmatrix} 0.568 & -1 & -1 \\ 0.167 & -0.60 & -867 \\ -0.048 & 0.142 & -0.644 \\ -0.077 & 0.229 & -0.188 \end{vmatrix}$$

(5) 计算待评方案的优度。根据式(2-8)，计算待评方案对于各等级的优度。类似于加工质量 B1 的评价过程，分别对生产能力 B2、经济效益 B3 进行评价，得优度评价结果见表 2-18。其中，C5～C7，C8～C11 相对重要性分别按 1∶2∶5 和 1∶5∶3∶3 确定，计算出 B2 和 B3 各指标权重分别为：

$$A_2=(0.6,\ 0.27,\ 0.13)$$

$$A_3=(0.52,\ 0.08,\ 0.2,\ 0.2)$$

表 2-18　第二层次可拓优度评价结果

评价指标			方案 A			方案 B			方案 C		
			优	中	差	优	中	差	优	中	差
加工质量 B1	平均工序能力	C1	−0.520	0.345	−0.356	0.263	−0.345	−0.445	0.295	−0.520	−0.520
	零件合格率	C2	0.075	−0.160	−0.187	0.200	−0.200	−0.200	0.033	−0.120	−0.173
	零件返修率	C3	0.080	−0.080	−0.04	0.020	−0.046	−0.080	−0.004	0.011	−0.052
	工艺过程稳定性	C4	−0.009	0.067	−0.100	0.200	−0.200	−0.200	−0.015	0.046	−0.038
生产能力 B2	单件加工时间	C5	−0.600	−0.342	0.252	0.448	−0.600	−0.600	0.238	−0.300	−0.480
	生产物流方式	C6	−0.250	0.270	−0.125	0.270	−0.203	−0.270	−0.237	0.156	−0.083
	工艺系统柔性	C7	−0.008	0.037	−0.061	0.005	−0.037	−0.091	0.13	−0.13	−0.13
经济效益 B3	单件工艺成本	C8	−0.323	0.520	−0.368	−0.520	0.260	−0.216	0.313	−0.269	−0.520
	设备折旧费	C9	−0.064	0.103	−0.052	0.200	−0.200	−0.200	0.180	−0.086	−0.151
	人均产值	C10	−0.142	0.103	−0.052	0.200	−0.200	−0.200	0.180	−0.086	−0.151
	人均盈利	C11	−0.024	0.086	0.075	0.100	−0.114	−0.162	0.200	0.200	0.200

2）第一层次可拓综合评价

(1) 确定权重。按 B1、B2、B3 之间相对重要性取比值 1∶2∶3，通过层次分析法得出权重 $A=(0.164,\ 0.297,\ 0.539)$，权重的取值说明在产品质量能够保证的情况下，此次评价更重视经济效益的考核。

(2) 计算优度。第二层次的优度评价结果组成第一层次的关联度矩阵，按照式(2-9)计算各评价方案的优度为表 2-19。

表 2-19　第一层次可拓优度评价结果

评价指标	方案 A			方案 B			方案 C		
	优	中	差	优	中	差	优	中	差
加工质量 B1	−0.061	0.028	−0.112	0.112	−0.130	−0.152	0.051	−0.096	−0.128
生产能力 B2	−0.255	−0.010	0.020	0.214	−0.249	−0.285	0.040	−0.081	−0.206
经济效益 B3	−0.298	0.390	−0.193	−0.111	−0.040	−0.342	0.417	−0.127	−0.297
合计	−0.614	0.408	−0.285	0.215	−0.419	−0.779	0.472	−0.304	−0.631

采用可拓评价方法，既能对多个方案进行综合比较，又能分析每个方案的具体情况。由表 2-19 可知：在等级为优的综合评价中，$K_1<K_2<K_3$，在等级为差的综合评价中，$K_1>K_3>K_2$，确定工艺方案 C 为最佳方案；同时，可以看出方案 C 胜出在于其有良好的

经济效益，但其生产能力较方案B差，仍有改进的必要。

2.4.5　模糊理论在CAPP系统中的应用

随着机械制造业向CIMS发展，CAPP日益成为CAD/CAM集成的关键环节，在CAD/CAM中起纽带作用。特征建模方法完全考虑了形状、特性、材料、管理和技术要求等方面特征。因此以零件的特征要素作为基本单位，采用特征建模方法是目前CAD/CAPP/CAM集成的发展方向。

目前以专家系统为核心的智能型CAPP系统是基于产生式规则的推理系统，知识表达方法单一，推理方法简单，推理策略欠灵活，不能发挥联想记忆的功能，无法实现自我优化和创新。由于产生式推理严重地依赖工艺知识规则库，工艺知识规则的好坏直接影响推理结果的正确性，随着工艺知识规则库的不断增加，推理速度会变慢，规则之间有可能产生矛盾或局部知识空缺，而这常常使推理结果矛盾或无结果。

文献[15]在基于特征建模的基础上，通过模糊推理获得基于特征的最终加工工序，并在此基础上，得出了基于特征的工序树的概念，由此，可以得到基于特征的加工过程工序链。利用模拟退火算法(Simulated Annealing Algorithm)的分类组合优点，实现基于特征的工艺文件的自动生成。工艺知识库以模糊规则矩阵和树库的形式存储工艺知识，为建立工艺知识库开辟了新的途径。每一种特征对应几种加工的工艺方法，都有自己的工序树，通过对特征中工艺特征的模糊化分析推理，得出合理的最终加工工序以及加工过程的工序链。

1. 模糊工艺推理

工艺方法的提取就是要从基于特征的工艺要素中优化选择出合理的加工方法。加工方法的制定受零件工艺、设备、工艺人员的经验以及习惯的影响，所以用基于IF-THEN的知识表述和推理，并不可靠。基于模糊的知识描述推理是解决这一问题的一种较好的方法。对于一个特征来说，加工工艺主要由几何尺寸、粗糙度、加工精度等多种因素决定，把每个因素模糊地划分为高、中、低三档，通过对特征的模糊规则判定，来决定具体特征的加工工艺方法。

1) 工艺特征模糊化

首先要把决定特征的加工工艺的影响因素进行模糊描述，即工艺特征的模糊化。例如对于孔这个特征，加工精度可分为低、中、高；粗糙度分为大、中、小，等等。第一因素的每一挡都用一个模糊函数来表示，有一个介于0～1间的模糊值“μ”。具体模糊值由一个合适的模糊成员函数或隶属函数给出。例如孔的粗糙度模糊函数可以认为是模糊正态分布函数。

孔粗糙度的模糊值同时存在两种情况，对于影响加工方法选择的粗糙度、加工精度和几何尺寸三种因素，其可信度模糊值的排列组合最多有8种情况，分别对应着8种加工方法的模糊评价规则。显然，第1项规则各个影响因素的总的加工工艺影响因素可信度模糊值为$x_i=\prod_{k=1}^{n}\mu_k$，由此可以得到某一特征的各规则的可信度模糊矢量$X=(x_1, x_2, \cdots, x_n)$。表2-20是某一具体特征的加工方法影响因素的模糊值分类，表2-21为对应的加工方法模糊规则。

表 2-20　影响选择加工方法的三种因素的可信度模糊值

规则号	精度等级 μ_1		粗糙度值 μ_2		孔直径 μ_3		$X_i=\mu_1\mu_2\mu_3$
3	大	0.8	大	0.6	小	0.7	0.336
2	大	0.8	大	0.6	中	0.3	0.144
6	大	0.8	中	0.4	小	0.7	0.224
5	大	0.8	中	0.4	中	0.3	0.096
12	中	0.2	大	0.6	小	0.7	0.064
11	中	0.2	大	0.6	中	0.3	0.036
15	中	0.2	中	0.4	小	0.7	0.056
14	中	0.2	中	0.4	中	0.3	0.024

2）实例

在模糊推理方法测试之前，我们需要建立加工方法的模糊规则矩阵，对于孔的加工推理，需要 27 个规则，才能适应各种孔的加工推理。对于矛盾的规则，例如表 2-21 中的第 7 条，不会存在精度等级 IT 大，且粗糙度值小的情况，所以对于各种加工方法的评价都为 0。

表 2-21　通孔特征加工的模糊规则矩阵

IF				THEN					
规则	精度等级	粗糙度值	孔径	钻	铰	精铰	镗	精镗	精磨
1	大	大	大	0	0	0	1	0	0
2	大	大	中	0.5	0	0	0.5	0	0
3	大	大	小	1	0	0	0	0	0
4	大	中	大	0	0.1	0	0.9	0	0
5	大	中	中	0.2	0	0.1	0.7	0	0
6	大	中	小	1	0	0	0	0	0
7	大	小	大	0	0	0	0	0	0
8	大	小	中	0	0	0	0	0	0
9	大	小	小	0	0	0	0	0	0
⋮	⋮	⋮	⋮	⋮	⋮	⋮	⋮	⋮	⋮
27				0	0	0	0	0	

从上一级的基于特征的设计中提取特征的工艺要素，经过模糊函数进行模糊分类，对应每一条规则，产生各个规则的模糊可信度矢量 $X=(x_1, x_2, \cdots, x_n)$。

表 2-22 是 $\phi16_0^{+0.020}$ 孔对应 8 条规则的模糊可信度矢量 $X=(x_1, x_2, \cdots, x_n)=(0.336, 0.144, 0.224, 0.096, 0.084, 0.036, 0.056, 0.024)$。由于多条规则支持同一种加工方法的综合模糊值，这样就求得加工方法的信任度模糊值矢量，$Y=(y_1, y_2, \cdots\cdots, y_n)$如表 2-21 中特征 A 所示。

表 2－22　孔加工模糊推理请果

孔特征	工艺要求	钻	铰	精铰	镗	精镗	精磨	推理结果	实际选择
特征 A	$\phi16_{0}^{+0.020}Ra0.63$	0	0.1	0.607	0.09	0.123	0.08	精铰	精铰
特征 B	$\phi42_{0}^{+0.016}Ra0.32$	0	0	0.342	0.19	0.479	0.627	精磨 0.627	精磨
特征 C	$\phi10\pm0.01Ra0.32$	0.045	0.745	0.453	0.058	0.048	0.122	铰 0.745	铰

经以上模糊推理，得到各种加工方法的综合模糊评价值。选择最大模糊值所对应的加工方法为最佳的加工方法。表 2－22 是三个通孔特征经过实际模糊推理后的模糊推理结果。

2. 工艺规则的决策

1）工序树

每一种特征对应的几种加工方法都呈现树状的排列，而且粗加工位于树的根部，精加工位于树的冠部，从精加工的树冠追溯到粗加工的树根部，恰好是该特征的加工工艺过程，树的每一个节点可以是一个特征的某一个机加工序，也可以是热处理工序或其他工序，如图 2－31 所示。把工序树中的某引进节点作为模糊推理中的推理选择项。如果已知某一特征的最终加工工序，就可以从这个最终加工工序的节点，经过各个树权节点，回溯到树的根部，即可求得该特征的各个加工工序，建立特征的工艺路线。加工特征的工序树代表了一定的工艺知识，可以建立一个各种特征的工序树库，作为工艺知识库的一部分，进行工艺推理。

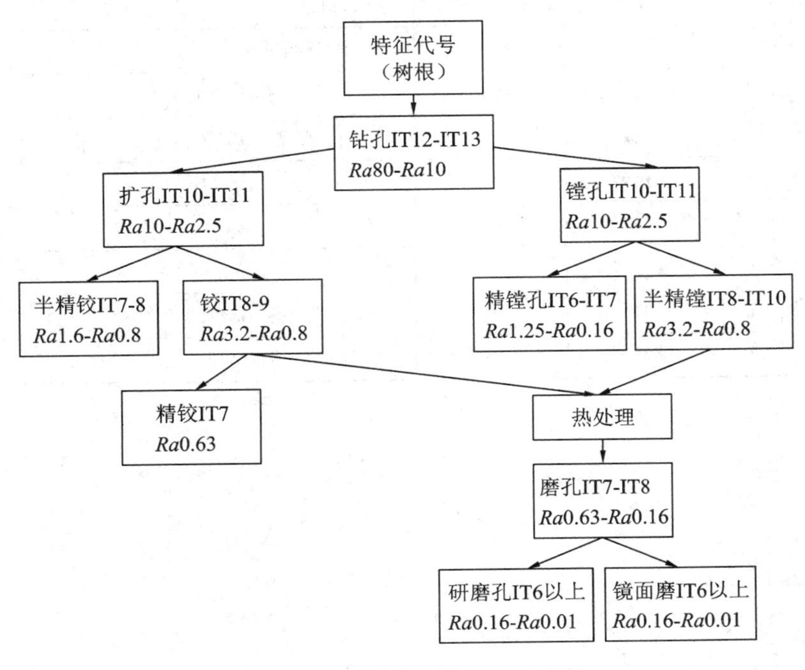

图 2－31　通孔特征的加工工序树

2）单个加工特征的工序生成

当生成加工特征的工序时，各个工序的加工余量可以从工艺数据库中查询得到。工序尺寸及公差可以根据计算和查表得出，工序尺寸公差的选取应遵循“入体原则”。工序树的每一个工序节点都有该节点的尺寸、精度等级、粗糙度值指针，这样就可以在数据库中查得该节点的加工余量和公差，进而求得该工序需要达到的尺寸和公差。

例如，假设毛坯为模锻件，对于要求 $\phi42_0^{+0.016}Ra0.32$ 的孔，经模糊推理，选择加工方法为精磨，搜寻通孔特征的工序二叉树，如图 2-31 所示，工艺过程为：钻孔—镗—半精镗—热处理—磨—精磨。采用反向推理，通过查询工艺数据库中的加工余量和公差，工序尺寸就可以根据加工余量计算求出，工序尺寸的公差应由各个工序所采用的加工方法的经济精度及有关公差表决定，最后得到则各个工序的工艺要求，由此可以得到每个特征的局部工艺文件。

3) 零件的工艺规划决策

在零件的工艺规划决策中，主要以数控加工中心作为决策对象，以工序集中为原则，尽量减少装夹次数。零件的每个特征经过模糊推理后，得到最终的加工工序。计算机搜寻工序树，获得各个特征的工序树，分别对零件的各个特征的工序链中各个工序进行编码和处理，获得一个称为工序加工对象链的文件。这个文件的内容是各个工序加工的特征对象的集合，它表明了各个加工工序加工的特征。根据工序加工对象链文件，进行最优化分类组合，生成各个工序和工步内容。表 2-23 是对表 2-22 中三个加工特征生成的工艺文件。

表 2-23　加工特征生成的工艺文件

工序	工序编码	工序	加工链	加工对象及公差	加工设备
1	001－001	a. 钻孔	A→B→C	孔 $A\phi15_0^{+0.11}$，$B\phi36_0^{+0.4}$，$C\phi8.6_0^{+0.09}$	加工中心
	001－002	b. 扩孔	A→C	孔 $A\phi15.85_0^{+0.07}$，$C\phi9.9_0^{+0.05}$	加工中心
	001－003	c. 镗孔	B	孔 $B\phi40.5_0^{+0.1}$	加工中心
	001－005	d. 铰	A→C	孔 $A\phi15.95_0^{+0.04}$，$C\phi10_0^{+0.01}$	加工中心
	001－006	e. 精铰	A	孔 $A\phi16_0^{+0.02}$	加工中心
	001－007	f. 半精镗	B	孔 $B\phi41.5_0^{+0.04}$	加工中心
2	004-001	热处理		整个零件	
3	006-001	磨	B	孔 $B\phi42.5_0^{+0.025}$	磨床
4	006-002	精磨	B	孔 $B\phi42.5_0^{+0.016}$	精密磨床

第3章 工艺标准化

3.1 工艺设计概述

长期以来，由于传统工艺设计是按人工方式逐件设计企业自制的工艺过程，多品种小批量生产的工艺设计水平处于十分落后的状态，所以工艺设计的质量很大程度上取决于工艺设计人员的主观因素。

工艺多样性不仅使加工同类零件所用的工艺装备品种、规格、数量不必要的增加，而且还造成生产计划管理的复杂性，从而增加生产费用，延长生产周期。

此外，由于传统工艺设计是逐件设计企业自制零件的工艺过程，其缺点是孤立地针对一类零件设计一份单独的工艺，忽视了它与同类零件的联系，抹杀了同类零件之间在工艺上本该具有的继承性和一致性。随着产品的不断更新和品种的不断增加，迫使工艺部门陷入应付繁重的新产品工艺准备工作中，使工艺人员不得不把主要精力和时间耗费在一遍遍地逐件设计和填写零件的单独工艺文件上。工艺人员由于长期处于这种被动局面，无力改进、研究或开发新工艺，便造成了多品种小批量生产条件下的工艺设计工作的大量反复及被动落后局面。

要想从根本上克服上述问题，最有效的途径便是在成组技术原理的基础上实现工艺设计的标准化和自动化。在产品制造过程中，提高产品的工艺水平，即全面贯彻、推行工艺标准化是保证产品质量可靠性的有效途径。

3.1.1 工艺工作的目标

工艺工作的目标是确保企业的成本、质量、时间、服务在市场竞争中具有一定优势，具体可包括如下几个方面：

(1) 优化制造系统。能按成本、质量、时间、服务的要求，使企业制造系统适应现代生产的需要，包括生产模式、生产组织、工厂布置、现代先进制造技术的应用等。

(2) 优化产品制造工艺。这是对具体产品而言，在优化的制造系统中，充分运用系统内的设施、组织、技术，保证产品制造过程的优化，按时、按质、低成本地完成产品制造。

(3) 培养适应现代制造系统的合格工艺人才。在任何系统中，人是最积极的因素，生产系统的优化、产品工艺的优化都是由人完成的，所以企业工艺的目标必须建立在合格工艺人员的基础上。

3.1.2 工艺工作的任务

根据以上目标，企业工艺部门的任务是：

(1) 制定企业工艺发展规划。根据企业的中长期规划，具体制定工艺发展规划，指导规划期内工艺工作的发展。

(2) 制定企业技术改造计划。根据发展规则制定近期的技术改造计划，并组织实施。

(3) 制定工艺技术开发、研究计划，努力学习先进制造技术，并组织实施。

(4) 建立健全工艺管理体系。建立完善的工艺标准体系，确保企业生产工艺系统有效地运转，执行工艺工作的任务。

(5) 进行产品生产工艺技术准备。

(6) 开展产品生产技术服务。

(7) 为企业其他部门提供工艺技术范围内的服务。

3.1.3 工艺工作的结构、流程分析

1) 工艺工作的总结构、总流程

根据上述企业工艺工作的目标与任务，企业工艺工作应由工艺规划与开发研究、产品工艺设计、制造工艺实施所组成。工艺规划与开发研究，以国内外先进制造技术及产品开发信息为输入，企业条件、外部环境为控制、约束条件，通过工艺规划与开发研究工作，输出发展规划、新工艺研究、技术改造规划、工艺管理方案、工艺标准、先进工艺技术及计算机应用软件。产品工艺设计是根据产品开发信息与生产计划订单，在企业条件及外部环境条件下，通过产品工艺设计输出产品工艺信息，包括工艺方案、工艺路线、工艺规程、工艺定额等。制造工艺实施是根据产品开发工艺信息及生产计划订单，在制造环境(设备、人员等)条件下实施产品的制造，最后完成产品。

2) 工艺规划及开发工作结构与流程

工艺规划及工艺开发系统的结构与流程是企业工艺工作的重要环节，是企业制造系统的决策系统和开发系统，是产品工艺设计与制造活动的基础。在市场经济多变、快变环境下，必须加强工艺环节，才能使企业具有不断优化的生产模式、制造系统与管理系统，否则企业工作就会成为无源之水，停滞不前。但是目前很多企业没有得到充分的重视(只重视产品设计的开发，不重视产品制造技术的开发)，导致工艺工作不能良性循环，发展缓慢，只能应付生产，处于被动地位。这是我国机械制造业中普遍存在的问题，不仅企业如此，有的教材、资料也是如此，一提到企业工艺工作就只谈产品工艺准备，这也会造成企业领导及工艺部门的误解。

产品工艺工作结构与流程，一般将之称为生产技术准备工作。目前很多企业把这一工作看成是企业工艺部门的唯一工作，但是实际上企业完整的工艺工作任务绝不应该只是产品的生产技术准备工作。

3.1.4 工艺工作的内容

1) 工艺调研

为了有利于开展和推动新产品的开发或老产品的改进，在产品设计准备的初期阶段，工艺人员就应该进行开发调研，了解市场需求、产品的设计构思、基本结构、使用特点、自然资源利用情况，国内外同类产品的制造工艺水平、产品系列化标准要求以及设计中可能存在的问题与解决的方法，最后提出工艺可行性分析报告，针对主要技术问题提出建议。

2）产品结构的工艺性审查

新产品在设计过程中或外来产品在本企业首次投入生产之前，均应进行结构工艺性审查，使其在满足使用功能的前提下，符合一定的工艺性及技术经济指标要求，以便在现有生产条件下，能用先进、经济和合理的方法进行生产制造，并且便于使用和维修。工艺性审查的内容和侧重点根据产品设计过程的不同阶段而异：在产品的规划阶段，工艺人员主要对产品的结构方案进行分析和审查，提出相应的对策和建议并及时与产品设计人员进行协商解决；在技术设计阶段，主要是对产品的总图及部件图进行分析和审查，侧重对总图及部件的结构合理性及装配工艺性进行分析和审查；对零件工作图的审查，主要是对铸造、锻造、冲压、焊接、热处理、切削加工和装配工艺性进行分析和审查。

3）工艺方案的设计

工艺方案是工艺准备工作的总纲，是编制工艺文件和工艺技术组织措施计划的依据。它的设计原则是在充分保证产品质量的前提下，满足生产纲领的需要，同时要使生产成本最低。因此，正确的工艺方案设计，应积极采用国内外先进的工艺技术，同时注意改善劳动条件和加强环境保护。其主要内容包括：生产的组织形式与自动化水平，自制件、外协件、外购件的划分意见与分工原则，自制件的工艺路线或分厂（车间）、分工意见，关键件、重要件的冷、热加工工艺原则与工艺方法，专用设备和工装的配备、设计、选择原则，必须采取的专门技术措施和新工艺、新材料和工艺试验意见，装配试车方案，对车间平面布置的意见，重要的质量保证措施以及技术经济指标的分析比较。

4）工艺路线的设计

工艺路线的设计是产品零件生产流程的设计，首先是要规定每个自制零件合理的工艺路线，设计出零部件工艺路线表或车间分工明细表，同时还应提出工艺关键件明细表和外协件明细表。需要时还应提出铸件明细表、锻件明细表、热处理明细表等。工艺路线设计得合理与否，对保证产品质量，合理利用设备，缩短毛坯、半成品的运输线路，减少物资积压，提高劳动生产率等都有重要影响。

5）工艺规程的设计

工艺规程是工艺文件的主体部分，不仅是指导生产现场操作和工艺管理的技术文件，而且也是生产计划、调度、劳动组织、质量检验、工装与设备管理、经济核算的技术依据，其质量高低直接影响产品的制造质量、生产效率和工艺成本。应当根据产品的复杂程度、生产类型、企业具体条件以及工艺条件和工艺方案与工艺路线规定的要求，确定需设计的工艺规程种类、文件形式及其内容。在设计工艺规程的同时，还应提出有关的工艺管理文件（如外购工具明细表、专用工艺装备明细表、组合夹具明细表、工位器具明细表、专用工艺装备设计任务书等）。为了编制好这些文件，需对工艺过程与工序分别进行设计。工艺过程设计包括工序内容的划分和工序先后次序的排列，需要考虑加工基准与加工方法的选择、加工阶段的划分，确定工序的集中或分散和工艺过程各工序的顺序安排和作业要求。工序设计包括工序图的绘制、工步的内容与顺序、所使用的加工设备和工装以及工艺参数、精度要求、检验方法等的确定。

6）工装、非标准设备和工位器具的设计

工装包括刀具、夹具、模具、量具、检具和辅具。非标准设备一般指在工艺过程中使用的辅助设备。此外，还有专用机床、自动线和生产过程中或库存中为保护零件而设置的专用工位器具，这些都需要由工艺人员根据工艺文件的规定，提出设计任务书，提交有关单位安排设计制造。

7）定额的制定

企业的材料消耗定额和劳动定额都取决于工艺技术水平。材料消耗定额由产品的净重加上该产品在制造过程中的工艺性损耗(包括下料损耗和加工损耗)所构成，通常根据有关的工艺文件用计算方法、实测方法或经验统计方法确定，并编制出各类材料消耗的工艺定额明细表。工时定额的基本数据列入工艺规程中，工艺部门在新产品投产前负责编制一次性工时定额，该产品正式投产后，由企业劳动工资部门接管。

8）工艺设备和工艺装备验证

工艺设备和工艺装备的验证是整个工艺验证的重要组成部分。它是贯彻工艺规程、保证产品质量的重要措施，凡是新的专用工艺设备和工艺装备，在投入生产使用前都要进行认真验证，以全面确认其结构可靠性、满足加工精度的程度、操作的安全性以及生产率等。就工装验证而言，主要内容包括：① 验证是否符合工艺要求，如定位基准、工艺尺寸、夹持方法、加工尺寸与余量分配等；② 验证能否稳定地保证工序质量，如定位精度、定位尺寸的刀具(铰刀、拉刀、丝锥等)使用中的精度变化，量、检具的重复测量精度等；③ 验证能否满足生产节拍和生产能力的要求，如工装在工人操作中是否灵活方便、安全可靠，单件工时是否符合预定的生产率要求以及刀具的耐用度等；④ 验证工装使用是否符合安全和文明生产的要求，如工装与机床的安装连接部位，大型工装的刚性及其在维修吊装和使用中的安全保证，高速旋转工具和防护装置，为高精度检测工具在使用中设置的安放架或存放盒，防止工件在存放、流转、装卸时相互磕撞碰伤的工位器具等。至于专用工艺设备的验证，往往比工装验证的要求更高。因为这类设备是专门为生产过程中某些工序特定的工艺要求设计制造的，它们的作业对象专一，生产效率很高，如果质量达不到要求，就会使整个工序甚至一连串互相衔接的工序，在加工质量、生产节拍、操作安全可靠等方面失去保证，以致造成巨大损失。因此工艺部门必须提供详尽的设计任务书，外购订货对应签订订货协议，按有关技术标准的协议条款进行试验验证和鉴定，合格后才可投入使用。

9）工艺验证

做好工艺验证工作是保证工艺符合预定的生产要求并促进工艺技术不断进步的必要措施，其实质就是对生产工艺的鉴定和确认。所以工艺验证既是正式生产的先决条件，也是扩大生产的基础，目的在于确保工艺方案、工艺规程满足生产纲领的要求，选用的工艺设备、工艺装备、检测手段有稳定的保证产品质量的能力，工艺消耗达到最低限度的要求，生产现场的切削工艺设施应确保工人具有安全操作和文明生产的条件。生产工艺是全局性的系统工程，因此工艺验证与工艺装备、机床设备验证不同，它是以加工零件或整机为对象，从向生产线投入毛坯到最后成品产出，对每道工序中的主要项目，都要根据验证目的进行系统的验证。以机械加工工艺和装配工艺为例，其验证的主要内容大致有五个方面：① 工艺综合过程的安排，包括从毛坯到成品或从零部件到整机的工序安排是否完整，工序顺序是否符合工艺原则，工序集中与分散原则的考虑是否切合实际，生产节拍是否基本平衡，平面布置是否符合物流距离最短原则，检验工序的安排能否确保对质量进行有效控制等；② 上下道工序的衔接关系，包括选择的毛坯能否达到毛坯图的要求，工序间的加工余量的技术条件能否确保下道工序的质量要求，协作工序的相互要求能否得到有效保证等；③ 选用的工艺设备、工艺装备、检测手段、工位器具等是否适当、可靠；④ 选定的切削参数能稳定地确保工序质量，满足生产率要求，刀具正常消耗，符合安全要求等；⑤ 加工质量或整机质量达到工艺和设计要求，在控制点上的工序能力指数(CP 值)必须在 1～1.33 或 1.33～1.67 的范围内。根据关键工序的工序能力和对工艺验证的鉴定意见，就可以对该零件或产品的工艺验证作出合格与否的肯定性结论。例如有的企业规定，在所有关键工序上的工序能力指数大于 1.25 时才判定为验证合格；当大部分关键工序的工序能力指数大于 1.25 时，判定为基本合格；当部分关键工序的工序能力指数达不到 1.25，而且工序质量不稳定时，判定为不合格。工艺验证合格是工艺定型的先决条件，但工艺定型不能理解为固定不变，因为随着生产时间的推移或产品结构的改进，要求质量水平有新的突破，由此对已定型的工艺提出某些新的目标和标准是理所当然的。

10) 工艺整顿

工艺整顿是指对已定型的工艺，按照企业的经营方针、质量目标和技术准备工作要求，进行整理、调整，以提高原有工艺水平的过程。工艺整顿的内容包括采用新工艺、新技术、新材料、新装备以及科研攻关、合理化建议和技术革新等成果，在此基础上进一步改进工艺设计和工艺文件，以达到优质、高效、低消耗和安全生产的目的。因此，工艺整顿是不断提高企业生产技术和经营管理水平的重要保证，应当作为企业前进过程中的必经阶段，并给予充分重视。

3.1.5 传统工艺设计存在的问题

1) 工艺设计的随意性

由于工艺方法的灵活性以及加工设备、工装的随机性，在传统工艺设计中，往往以工艺设计人员经验为主进行工艺路线、工艺规程等工艺文件的设计。虽然在工艺文件的格式、部分工艺术语上贯彻了工艺标准化，但在工艺内容上却没有制定详细的标准或参考资料，还是以经验为主，但是经验是随着人们的经历不同而变化的，因此造成了工艺设计因人而异。另一方面由于人们记忆力的局限性，随着时间的变化，同一位工艺人员可能对相似的零件编制出不同的工艺路线和工艺规程，从而对组织生产、指导生产带来不良后果。

2) 工艺设计中大量的重复劳动

机械零件有 70%～80%的相似性，相似零件的工艺路线和工艺规程也一定相似。虽然已往国内外工艺专家提出过利用相似性开展典型工艺、成组工艺的编制，但是由于种种原因没有很好推广，所以造成了工艺设计中大量的重复劳动，而且其中 30%～40%都是比较简单的零件。为了生产的需要，工艺设计人员也得进行重复性的工作，不但浪费时间，使工艺人员没有更多时间从事创造性劳动，而且影响广大工艺人员的积极性。重复劳动也同样存在于工装设计中。

3.2　工艺设计与标准化技术

3.2.1　先进制造系统中的标准化技术

对于先进制造系统对标准化技术的要求，已故原机械部标准化研究所总工程师陈文祥先生对现代先进制造技术应用环境标准化工作曾做过详细论述。

1. 标准化观念和概念的转变，使标准化的目的必须明确

不能用产品品种来控制零部件的种类、数量，以求其制造批量的扩大，即使在传统的刚性技术下，这也是不可取的。在国外，成组技术和模块化方法都产生于传统技术时代，并取得了较好的效果。我国没有给予充分重视并推动它们发展的主要原因是商品经济不发达。

成组技术和模块化设计的特点是让零部件独立出来，成为多种产品可以共享的技术成果。这种技术成果的重复利用效果，是在产品非重复生产(或重复频数不大)的情况下创造出来的。如果按照旧的观点，对于非重复生产的产品是不必去搞标准化的。然而成组技术和模块化设计却使非重复生产的产品在它的设计、制造过程和管理工作中，像成批大量生产的产品那样获得了重复性效果。正如ISO/lEC第二号指南在标准化定义中所指的那样，标准化的对象不仅限于眼前的问题，而且还要着眼于潜在的问题(未来条件下的现实问题)，而且必须强调标准化成果的重复使用价值。

总之，技术成果的重复使用效果(包括消除繁琐的重复劳动，扩大零部件生产批量等)是可以不受产品品种变化的限制创造出来的，研究、发展这方面的标准化技术，对于有效地实现多品种生产具有十分重要的意义。另外，现代高新技术的发展和应用，提出了一些新的标准化观念，例如集成化与“黑箱”观点，告诉我们功能单元内部的隐性标准化(隐含在黑箱内部的标准化)和功能单元之间的接口标准化，将在未来的标准化工作中发生重要的作用，应当引起我们的注意。

过去我们用标准化系数或类似的指标来评价标准化的水平，常常得不到令人信服的结论，主要原因之一就是这些指标不能真实地反映一个企业的实际情况。如果在评价指标中引入已有技术成果，并按价值工程(VE)准则设计评价函数(例如最简单的办法是把多品种产品总的功能价值同全部零部件成本之比作为评价指标)，将有可能得到比较符合实际情况的结果。这样得出的评价结论将会引向“简单、方便、自动化、集成化”的方向，对于企业可能具有更为积极和广泛的指导意义。

2. 放开思路，改进方法

过去的标准化经验，概括地说就是通过解决系统(基层)要素的标准化来达到高层结构的简化，即所谓从局部到整体的标准化模式，表达为0-1。这一模式思路至今仍然有效，特别是对于高新技术的标准化，如果不是从最基本的要素开始做起，就会阻碍新技术的发展。但当技术已经达到相当成熟的阶段时，标准化仍然坚持这种模式，因为高层的标准化受到系统功能的严格限制，追求复杂系统的标准化、通用化往往十分困难有时甚至得不偿失。以机械产品为例，零件通用化的可能性远大于部件通用化。层次越高的部件，其功能越接近于产品，而产品的需求多种多样，给部件通用化带来了很大困难。因此，从20世纪

50 年代以后(主要是 50 年代到 60 年代)逐渐形成了产品系列化的思想和相应的标准化模式，即通过产品结构的典型化和主要参数的系列化，来限制产品品种的膨胀。在此基础上按照预定的产品系列框架进行部件通用化工作就比较容易了，而在通用部件的范围内采用标准件和通用件也将更为易于实现，这种标准化模式被称为从整体到局部即 1－0 的模式。它的思路和方法应当说是符合系统的分解组合原理，在过去很长时间里被广泛应用并曾取得较好的效果。但是由于种种原因(包括经济体制和技术本身方面的原因)，这一模式中的产品整体被狭隘化，固定化，变成一个封闭的小系统，它的组成部分(除少数标准件外)不能重复应用，甚至相近的产品系统，以致技术进步缓慢，产品长期不变，远远落后于用户的需求。以成组技术和模块化技术为基础的大规模定量生产，冲破了上述思路的束缚，打开了产品系统的封闭边界，以各具特色的方式、方法扩大了零部件的重复利用范围，并伴随着带来了零部件独立于产品的思路，采取按零部件组织生产以取代按单机组织生产的传统方式，大大提高了对市场需求变化的适应能力，取得了传统标准化模式不能得到的效果。但是应当看到，成组技术和模块化技术都是符合系统分解和组合原理的，可见传统的 0－1 和 1－0 的思路在原则上并没有错，错在后者把“1”当作封闭长期不变的标准化“整体”，给传统的标准化打上了刚性的烙印。以成组技术和模块化技术为基础的大规模定量生产为代表的新生产模式，可以表达为 1－0－1，它同传统的以限制产品品种的办法达到零部件简化的思路反其道而行之，即力求以尽量少的零部件种类和数量来满足用户对产品品种的多样化要求。因此这个模式的正确解释应当是根据市场调查和预测形成模式中的第一个“1”，它是虚拟的(作为规划基础的)产品系统，依此先用系统方法化整为“0”，然后再用系统组合方法集“0”为整，再通过验证改进，作为实际生产中的整体，即模式中的第二个“1”，而且永远不要把这样形成的产品系统当作封闭不变的系统，力求不断提高其适应需求变化的能力。

3. 传统标准化技术必须转移到先进制造技术的基础上来

如上所述，传统的标准化思路或模式，从原则上说不仅适用于传统技术，而且也适用于先进技术。例如成组技术和模块化技术，都产生于技术发展的第二阶段，但随着生产技术的进步，在第三、第四阶段继续产生了重要的基础作用。在技术发展的进程中，自然也有许多传统的思路和方法被抛弃了，这是新陈代谢的客观规律。标准化不但自身必须适应这一规律，而且从更积极的意义上说，还应当对传统技术的更新起到引导、推动的作用，而不能成为技术进步的绊脚石。为此，引出了一个非常重要的问题，这就是如何把传统的标准化转移到先进技术基础上。

就一个企业来说，用先进技术取代落后技术是不可避免的，但必须结合实际情况(其中包括产品的类型、市场的需求、协作的基础、企业的规模、已有设备条件、技术力量以及进行技术改造的资金来源等)，采取适当的新旧交替的过渡策略和具体步骤，不能要求用一刀切的办法解决不同的具体问题。因此可以肯定，把传统的标准化转移到先进技术基础上必须有一个过程，这中间必然存在着新旧并存的过渡阶段，其具体内容与形式将随企业而异，而把这个过渡阶段的问题处理好，则是每个企业都应当关心的事情。根据现有经验，从传统标准化过渡到适应现代多品种生产的第一台阶是成组技术和模块化技术。在具体做法上，大厂和小厂，产品范围大小和产品结构复杂程度不同的工厂，应当是不同的。例如有的工厂推广成组技术，当产品设计还没有准备就绪时，先从工艺、工装入手，也能收到显著效果。有的工厂的产品范围事先难以确定，基本都是单个订货，采用成组技术和模块化方法都有困难，但根据零部件独立于产品的思路，采取零部件组织生产的方式同样也获得了成功。对于大量的小型企业，改变刚性的标准化思路和方法，把技术和管理工作引向“简化、实用、方便”的规范化、标准化轨道，可能是当前最有实际意义的一项工作。传统标准化向先进技术推进的第二个台阶，是对设计、工艺文件和信息管理的系统化、现代化，包括局部范围的计算机化。目标虽是有限的，但从人员培养、技术准备的角度看，这是一个必经的步骤。第三个台阶是建立与CIMS相适应的集成化标准体系，这是一个长远目标，但必须从目前开始迈出前进的步伐。

总之，把传统的标准化转移到先进技术基础上是不能回避的，多品种生产企业尤其如此，同时，把传统的标准化转移到先进技术基础上不可回避以下的问题。

1）从被动型转向主动型

由于多方面的原因，许多企业在标准化的若干工作环节上长期处于被动应付地位。例如宏观控制与微观控制混淆不清、行政干预过多、形式主义抬头，致使企业的标准化工作缺少内在动力。为了使企业改革步伐同面向市场和扩大自主权等总的发展趋势一致起来，企业标准化工作从被动型转向主动型是势在必行、不可避免的。

什么是主动型？简单地说就是企业在国家政策和法律法规所规定的范围内，根据市场需求和实际情况来积极主动地开展标准化工作，使它在增加产品品种、提高产品质量和经济效益等方面发挥最大化作用。从标准化基本原理和运行机制上讲，几个大的系统(部门、国家)如果过分缩小对法规的控制边界，不给企业必要的自由度，就会使得企业失去活力。

标准化是实现企业总目标必不可少的手段和途径，这是近一个世纪以来被世界范围内的工业生产实践所证明的事实。企业推行标准化的内部目标是提高企业的生产力水平，所以国外工业发达国家都把标准化的着力点放在生产技术和管理技术上。就外部目标而言，遵守国际标准、国家标准的规定，是一种社会责任。企业从自身的竞争和生存发展的长远利益出发，对标准化运作拥有必要的决策权，才会有推动标准化工作的内在动力。现在这方面的障碍正在消除，企业应当把握有利时机，把被动型的标准化推向主动型的前进轨道。

上面所说的“自由度”不是随心所欲的乱来。标准属于生产力范畴，必须重视它的科学准确性和技术先进性。从这一意义上说，现代高新技术的应用，对于标准提出了更高的要求，例如计算机系统的运行，如果系统遇到标准提供的数据与程序互相矛盾，就得停摆，因为它不会自找“对策”，所以不允许凭主观意图把一切形式上统一的规定都当作标准来束缚自己的手脚，从上向下贯彻标准的传统做法也得有所改变。从力求实效的观点出发，企业应是主动地、有目的地、有计划地采用已有标准。除有法律依据的强制性标准外，企业对于它所要贯彻的标准应当有选择权，而且是可以“剪裁”的。当然，这样做必须要有一个符合改革、开放政策的内部条件和外部环境。为此，企业要有一个逐步前进的稳妥计划和过程。

由于标准化工作涉及企业的各个部门，各个领域，传统做法中既有需要改革的部分，也有继续有效的部分，因此从被动型转向主动型的标准化工作模式，是一项高层决策问题，必须要由企业领导层亲自参与，作为有组织的行动来实现。

2）显性标准化与隐性标准化紧密结合

如果把运用标准化原理与方法来达到标准化目的的活动称之为标准化，那么标准化将包含两种类型。一种是隐含在各个专业领域的工作过程之中，同各项工作融合在一起的标准化，即隐性标准化。它依附于专业技术之中，大部分成果往往不以标准的形式出现。另一种是按照预定计划，以制定、推行某项具体标准为目的的标准化，即显性标准化。它以有关的专业技术为基础，但并不都依附于专业技术活动之中。显性标准化在技术上是隐性标准化成熟的标志，在管理上则反映有关领域的工作必须在更大范围内实现协同、协调的要求。

在新技术发展的初始阶段，标准化主要是隐性的，在技术达到成熟的时期，显性标准化也是在隐性标准化的基础上形成的，而且即便显性标准化已相当完善，也仍有大量工作(包括显性标准化成果的应用、验证和日趋老化的传统技术的突破)要依靠隐性标准化来完成。因此，隐性标准化是标准化工作中最有活力的组成部分。某一时期的显性标准化内容和形式会消失，但发展过程中的隐性标准化永远存在。企业标准化要从被动型转向主动型，从传统技术基础上转换到高新技术基础上，必须把开展隐性标准化工作放到重要位置上。

在多品种生产企业中，隐性标准化活动大量存在，现代企业中的隐性标准化工作并非标准化的低级形式。在设计与工艺互相渗透、柔性制造技术迅速发展的今天，标准化同新产品、新工艺的研究开发之间的联系日益紧密，大量工作尚未进入显性阶段，必须依靠有关领域的专家通力合作，单靠显性标准化一条腿走路，必然跟不上发展的要求。如模块化技术、成组技术、柔性制造技术和计算机应用中的标准化，都含有大量的隐性标准化，这为隐性标准化开辟了新的途径。近年来人们强调企业内控标准的重要性，其实绝大多数的内控标准是隐性的，即隐含在设计、工艺文件之中，而不是以独立的常规的标准形式存在和起作用的。因此，重视隐性标准化工作在技术上是无可争议的。

重视隐性标准化并不是要降低显性标准化的作用，因为单靠隐性标准化可能形成许多封闭式的标准化孤岛，不会自发地把新技术引向高速发展的新阶段。因此，隐显并重、紧密结合非常重要，这个问题涉及两个方面的变革。一是企业标准化工作的指导思想和组织管理应当同这方面的要求相适应。显性标准化通常侧重管理，强调总体上的协调统一；隐性标准化侧重技术，要求结合自己的实际工作，有分散倾向。两者的结合就是集中领导和群众路线相结合，社会主义企业对此具有自己的优势。二是要发挥各领域专家的作用，这一点在新技术领域内尤为重要。开展新技术的显性标准化工作，需要有熟悉标准化原理、方法的专职或兼职人员，但在具体技术上必须依靠专家，两者的合作有着决定意义。从已有经验看，朝着这个方向前进的一个重要步骤，是从上到下形成普遍的标准化意识，让从事各种技术工作的专业人员结合实际工作掌握标准化原理和方法，成为既有专业技术又能运用标准化手段的双重专家，把隐性标准化引向高度自觉的、主动的、科学化的轨道。

3）集成化

所谓集成化，就是计算机集成制造系统(CIMS)中所提出的把存在于企业中的各种“孤岛”连接起来，成为一个有机的系统。这种连接依靠输入/输出信息渠道的畅通，接口要求的统一和界面的一致性；采用柔性连接方式，而不是采用固定化难以改变的刚性连接方式；依靠独立功能的再组织获得不同的总体功能，不是依靠单一功能的万能化，而是通过单元功能的单一化以及可选择和可更换性来适应总体功能要求的变化。所以集成化消除了冗余功能，上层功能的变化不影响已有功能单元的结构，可以灵活地实现再组合，从总体上达到结构简化、操作方便、运行稳定和应变能力强。

集成化不同于集中化。集中化表现为：在系统空间结构上密集化、整体化，形成固定式的“板块”；在功能结构上趋向单元功能的万能化，层次间各单元间的分工边界常被冲破，以致在系统的纵向上，上层功能往往干预下层功能，在系统的横向上，同一层次的单元趋向功能求全，不仅造成功能冗余，而且带来互相干扰，系统的整体结构日趋复杂、庞大，难以实现必要的再组合以作出灵活反应。因此，无论是技术系统还是管理系统，以集成化取代集中化是一种必然趋势。

企业中各方面工作的集成化，有以下四种类型：

(1) 把“自动化孤岛”连成一体，如CIMS。通过输入/输出接口传送信息，按协议和程序软件实现自动运行、协调和控制。

(2) 把管理的职能部门连成一体。主要通过信息传输、反馈，达到互相协调、协同。输入/输出方式和接口则随采用的技术而定，人工作业主要依靠指令、文件、规范和标准，自动作业主要依靠管理软件(其中包含规范与标准)。

(3) 把“技术孤岛”内的隐性标准化连成一体。这种连接仍然属于界面和接口的统一化，并不干预隐性标准化的具体内容。对不同“黑箱”之间的输入/输出，由于隐性标准化的某些成果客观上存在着相互影响，因而需要有所约束，必要时形成显性标准以保证协调一致，这是使各种黑箱(功能单元)的运行符合系统功能目标的必要条件，也是促使隐性标准化进入正确轨道的必要措施。

(4) 把单个、单项存在的各种标准和与之密切相关的规范性文件，按照预定的功能要求随时组合起来，形成适合某种目标的集合。它们之间的连接同样有输入/输出数据和界面、接口要求，包括标准之间以及标准和有关规定之间的协调性、相容性和互换性，这种集合是随系统功能要求的变化而变化的。例如多品种生产条件下的标准集合体，随着产品品种和质量要求的变化而出现多种可能，这也属于集成化的再组合形式，所以这种标准集合体并不是固定的。如果把它当作固定的东西，就会把本来可以适用于不同组合目的的通用性标准变成只限用于单一目的的专用标准，因而就成为刚性的集中，而不是柔性的集成。

各种新技术、新方法在开始应用、推广阶段会出现“孤岛”，而且在一定程度上有意识地促成这种“孤岛”的发展是必要的，也是难以避免的。但是到了一定阶段(技术比较成熟时)就应当设法消除“孤岛”。传统的办法是集中化，它建立在功能交叉、冗余和连接刚性化的基础上，成为一种貌似坚固的板块，一旦被新技术所冲破，就会手足无措。集成化不要求在结构形式上铁板一块，而力求能以多种组合方式来适应变化，对于已有功能单元，通过存优汰劣，在选择、竞争中达到优化。

现在我们回到企业标准化这个题目上来。现代企业(尤其是多品种生产的大型企业)的标准化领域正在不断拓宽，在这个过程中，一方面是在企业诸领域中产生了标准化“孤岛”，由于缺乏正确的引导，各个部门往往互相牵制，难以形成有利于实现总体目标的合力；另一方面是想以标准化取代一切规章制度，提倡全面标准化，以标准治厂等，导致标准化与其他领域在职能上的混淆，甚至在某些方面扭曲了标准化的形象，这些都是值得反思和进一步进行分析研究的。这里提出了标准化的集成化问题，就是为了更好地把各个领域的标准化“孤岛”连接起来，按照企业总目标来实现标准化目的。

企业总系统的目标是通过各种功能子系统的正确运行和相互协同来保证的。各个子系统的功能又要依靠它下属的许多小系统来保证，多数小系统的作用是交叉重叠的。如果把标准化作为隶属于企业这个总系统下的一个子系统来分析，那么它应是设计、制造、管理等许多领域中的标准化小系统的集成。无论对企业总系统还是各领域子系统来说，标准化只是它们的一个组成部分。各种各样的小系统都要协同运行，不应当把它们封闭起来成为“孤岛”，特别是标准化与规范化关系尤为密切。标准与许多规范性文件(包括技术法规、技术规范、作业规程等)，在功能上不仅可以互补，而且互相依托，并不是孤立存在的。因此，充分考虑标准化系统在企业总系统中的功能特点与位置，做好标准与规范性文件的集成化工作，具有十分重要的意义。

3.2.2　传统的工艺标准化技术

传统工艺标准化技术主要包括下面四个方面内容：传统的工艺标准化模式、工艺要素标准化、工艺规程典型化和工艺装备标准化。

1) 传统的工艺标准化模式

传统的工艺标准化是把产品的制造过程同产品设计过程作为各自独立的系统，根据相互间的一定联系，把一个一个环节对应起来看待的。这种思路如图 3-1 所示，图中 3-1(a)表示产品的设计过程，它为产品制造过程提供了从产品、部件、零件到结构要素、尺寸、精度、材质等工艺信息；图中 3-1(b)表示产品的制造过程，它的底层是工艺要素，中间层是加工工序和装配工序，最高层是产品的总装。各层的工艺技术要求都是根据产品设计者提供的信息来作出决定。上述三个工艺层次中，工艺要素的标准化是工序典型化、标准化的基础，但远非工序标准化的全部。工序典型化、标准化是工艺标准化中一个非常重要的独立环节，因为不同工序的组合才形成了加工与装配的完整工艺过程。

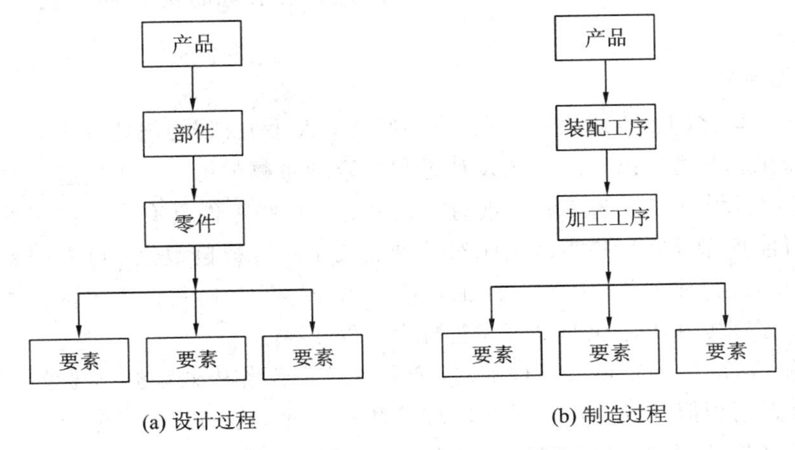

图 3-1　传统的工艺标准化模式

根据以上所述，传统的工艺标准化模式可表达为设计 1-0 和工艺 0-1；两个“1”代表某种产品或封闭的产品系列。设计与工艺之间在不同层次上的对应关系是：零件结构要素、尺寸、精度、材质等基本要求与工艺要素相对应，零件设计与加工工序及加工过程相对应，部件设计与装配工序相对应。由于设计处于前导位置，是主动的，而工艺则处于后续位置，是被动的，因此上述松散的对应关系并不能为工艺标准化提供较多的帮助。

2）工艺要素标准化

工艺要素是从同类工序或工序的工步中抽出来的共性项目。把它们单独制定成规范或标准，可以使它们能够在不同加工对象的类似工序中得到重复使用，以简化工艺技术文件的编制和生产现场的管理，并便于操作人员掌握工艺技术。

工艺要素标准化大致包括以下四个方面：

(1) 工艺参数标准化。所谓工艺参数，是指为了使工件达到预定质量要求，须在工艺过程中加以控制的各种参量，如几何参量、物理参量或化学参量，其具体类别和数据取决于工件的质量技术要求和工艺自身的特点。这方面的工艺技术文件通常称为工艺规范，如切削加工规范、铸造工艺规范、锻造工艺规范、热处理工艺规范、焊接工艺规范和表面处理工艺规范等。

(2) 工艺尺寸标准化。工艺尺寸是指根据加工需要，在工艺附图或工艺文件上给出的尺寸，它随工序而变，因而有毛坯尺寸、工序尺寸等名称。许多工具(如钻、扩、铰、镗等孔加工工具)的尺寸，是按工序尺寸配备的，如果将工序尺寸进行标准化，就可减少工具的尺寸规格，并为工艺过程的典型化创造有利条件，因而在工艺的经济性上有较重要的意义。

(3) 工艺尺寸公差标准化。它属于工艺精度标准化范畴，其目的主要是保证工艺尺寸的精度能够满足后续工序的工艺要求。它同工艺尺寸标准化联系在一起，但两者的作用是不同的。

(4) 工艺余量标准化。工艺余量是指为下道工序加工时留出的尺寸裕度，它是毛坯余量和工序余量的总称。毛坯余量等于毛坯尺寸与零件设计尺寸(零件图上的尺寸)之差，工序余量等于相邻两工序的工序尺寸之差，它们同工艺尺寸和工艺尺寸公差都有关系，但又互相区别，不可混淆。工艺余量是一种工艺性损耗，取值过大会增加材料消耗量，取值过小又会造成下道工序不合格品率的上升，因此，工艺余量的优化同工艺技术水平密切相关。

3）工艺规程典型化

工艺规程典型化的基本思路是根据“同类归并，大小分挡”的简化原理，按照不同工艺类型编制典型工艺规程，以消除工艺设计过程中繁琐重复的劳动。实现这一思路的范围与可能性，视零部件设计和工艺专业领域的特点而定。有些零件具有高度的工艺相似性，整个工艺过程可能典型化；有些零件只能对某种加工工序进行典型化；可有些零件则只能对某些操作(工步)进行典型化。还有一些工艺项目不受零件几何相似性等的严格限制，则可编制通用的工序守则和工序说明书等工艺技术文件。

上述思路，从理论上看是可以肯定的，然而在实际工作中效果并不显著，主要表现在：技术粗糙，对工艺相似性没有形成系统的理论和科学的识别方法；工艺规程典型化的着眼点只限于工艺文件的编制，对于改进生产组织、提高产品制造过程的技术水平与效率，产生不了实质性的影响。造成这种结果的主要原因可能是传统生产方式的限制。传统生产方式的特点之一是追求单一品种(或少品种)的成批大量生产，把零部件作为某种产品固有的附属物，因而对工艺典型化缺少客观上的推动力，同时由于离散型生产的格局，使得产品设计与工艺设计相分割以及工艺设计与生产(制造)过程的组织相分割，成为习以为常的现实，工艺规程典型化不可能独自冲破这种格局的界限。

4）工艺装备标准化

工装标准化的主要目的是尽量采用外购的标准、通用工具，压缩企业自行设计制造的工装品种与规格。在多品种生产企业中，自制工装所占比重甚大，为了提高这些工装的重复使用效果(包括提高工装设计的继承性和扩大工装的使用范围)，主要途径是发展组合工装。组合工装的设计原理与产品的组合化设计相似，力求由一套预制的、可按具体使用要求更换的元件与单元，组成各种用途的工夹模具。组合工装的特例之一是组合夹具(又称积木式夹具)，它是为适应多品种单件、小批量生产和新产品样品试制的需要而设计的。这是一种高度标准化的工装，它由耐磨性与精度较高的一套标准元件组成。利用这些元件，可以根据被加工零件的工艺要求迅速组装成各种夹具，用后又可方便地将元件拆开、清洗、存放，留待以后组装新夹具时再用。但是组合夹具的制造费用昂贵，而且在一个工厂范围内利用率一般不高，因而通常采用设站出租的方式来就近满足各厂的需要。组合工装是工装柔性化的发展方向，但是传统组合工装柔性化程度还比较低，成组加工、模块化设计和柔性制造技术的进步，正在改变传统组合工装的面貌。

3.2.3　工艺标准化技术的发展

1）工艺设计标准化的概念

在生产实践过程中，人们早已觉察到同类零件存在工艺多样性的弊病，因此便产生了工艺设计标准化的思想。

工艺标准化即应用标准化原理，结合企业实际情况，将先进工艺技术和成熟经验以文件形式统一起来，对产品的工艺过程内容、工艺文件和工艺要素等方面进行统一规定，并贯彻执行的过程。

使同类零件在相同生产条件下，能够利用标准工艺，从而防止不必要的工艺多样化。

2）工艺设计标准化的发展

根据传统的工艺规程标准化的思想，为达到工艺规程标准化的目的，典型工艺与成组工艺的原理与方法都起了一定的作用，但是由于时代的局限性，至今没有大面积地推广，因此，我国目前机械制造企业的工艺规程的编制仍为一件一卡、一序一卡。为了适应市场经济的发展，解决工艺人员的重复劳动，争取工艺技术的进步，促进企业经济效益的提高，20世纪80年代以来，我国对工艺标准化与计算机技术的应用进行了一些成功的探索。

3）工艺设计标准化发展的基本思想

分析传统的工艺规程标准化的思想可知，典型工艺、成组工艺，都是遵循客观存在的零件相似性原理，这是标准化的基本原理之一，也是非常重要的。没有客观上存在的相似性，要研究人为因素众多的工艺规程、操作方法的标准化是很困难的。由于典型工艺规程编制凭工作人员的经验，缺乏严格的科学方法，所以不便于操作，而且局限于相似性较高的情况，即零件外形、要素，加工工艺路线相同的条件下，因此在大批量生产或系列零件生产中，如齿轮类零件，还有一定的效果，而在多品种、单件、中小批量企业，实际应用效果不佳。早期的成组工艺比典型工艺有了较大的改进，研究了一系列比较科学的方法，但是由于没有对工艺规程的内容、组成、结构进行详细的分析，把工艺相似性的利用局限于零件组的范围内，组与组之间的相似性没有充分利用，所以没有解决工艺规程、操作方法的统一问题，也达不到全面的标准化。加上 20 世纪 60 年代到 70 年代计算机应用没有普及，对较长的编码处理比较困难，所以也没有大面积的推广。为了探索新的方法，根据系统工程和信息科学的原理，在解决任何问题前必须对总的性质、内容进行详细的分析，掌握问题的实质内容，再进行综合归纳，才能提出解决问题的方案及实施的步骤。为此在探索工艺规程标准化的方法时必须遵守这些原则，首先确定工艺设计标准化的目标与研究的范围，在系统调查、系统分析的基础上，在掌握工艺设计的实质、内容、信息结构及组成的情况下，研究提出设计标准化的方法、步骤。这是研究工艺设计标准化的基本思想，下面根据这一思想逐节展开讨论。

4）工艺设计标准化的目标与范围

工艺设计标准化应统一相同、相似零部件的工艺设计，并进行简化、优化，其目标和范围如下所述。

(1) 工艺设计标准化的目标。

① 提高产品质量的保证度；

② 提高机械加工的效率；

③ 提高工艺设计的工作效率；

④ 缩短工艺准备周期；

⑤ 为成组及单元加工，组织 FMC、FMS 提供工艺信息；

⑥ 为利用 NC、MC 机床提高加工水平提供基础；

⑦ 为 CAPP 提供理论基础和实践的方法；

⑧ 为组织生产包括实施 ERP 提供优化规范的工艺信息。

(2) 工艺设计标准化的范围。

① 工艺路线设计的标准化；

② 工艺规程设计的标准化；

③ 材料定额计算的标准化；

④ 工时定额计算的标准化；

⑤ 工装设计的标准化。

5）工艺路线设计的标准化

工艺路线是零件从毛坯制造到加工完成的全部流程，它和零件的功能、几何形状、结构、尺寸、精度、材料及热处理技术条件以及企业生产组织的形式和各生产部门的分工有关。一个企业的生产组织及各部门的分工在一定的时期是相对稳定的，根据成组技术的原理，机械零件有 70%的相似性，只要按照这一原理对零件进行分类分组后，就可以发现零件几何形状、尺寸、精度、材料及热处理的相似性，其工艺路线也存在相似性。只要我们对零件的性质与工艺路线变化进行归纳、整理就可以制定零件工艺路线的标准与规范，使各种零件的工艺路线实现标准化。

工艺路线的标准规范主要包括：

① 毛坯的选择和制造；

② 零件的热处理规范；

③ 零件加工分类的条件；

④ 外协作技术条件。

6）工艺规程标准化

（1）工艺规程内容的标准化。工艺规程内容的标准化包括加工路线标准，加工方法标准，机床类型、规格的选择标准，装夹方法及工艺装备的选择标准，加工方法与加工精度的选择标准，加工余量选择标准，刀具、量具的选择标准，切削用量的选择标准以及工艺规程中使用代码（编号）的标准等。

（2）工艺标准化后的工艺文件形式的标准化。工艺文件形式的标准化要既适应工艺人员编制又能方便工人操作使用，则便于生产管理人员组织生产。

3.2.4　工艺标准化的方案

1）制定工艺标准化方案的基本原则

根据以上分析可知，制定工艺标准化的必要条件是：

① 运用成组技术与标准化技术的主要原理相似性；

② 运用成组技术的分类分组的方法；

③ 运用标准化技术的优化、简化、统一、协调的原则；

④ 从要素标准化开始，逐级向上发展；

⑤ 采用模块化技术和积木化技术。

2）工艺标准化的工作程序

工艺文件标准化的基本原理是成组技术，所以实现工艺文件标准化必须遵循成组技术的原理与方法。

（1）对零件进行分类分组。如果是多品种小批量生产企业，最好对零件进行编码处理，按零件编码进行分类分组。由于成组技术已发展到产品设计领域，所以其分类分组可以划分为设计族与加工族，而使工艺文件标准化的分类分组要求是组织加工族，组织加工族的原则如下：

① 尺寸的相似性。零件的尺寸关系到选用机床的规格和加工方法，这是组织加工族的重要条件，尤其在重型机械和仪器仪表制造企业。由于零件尺寸相差悬殊，虽然形状相似，也不可能形成同一加工族。

② 工艺方法的相似性。除几何形状、尺寸以外，往往还有一些影响工艺方法的因素，如投产的批量、自动化的程度等。一般可以组成盘、套、轴、齿、板、杂件等加工族，也可以组织一些特殊工艺要求的加工族，如螺纹、丝杠、箱体等。

（2）按成组的加工族对其现行工艺进行调查和分析，并研究国内外这类零件加工的先进工艺方法。这一步骤要做大量的具体工作，由于过去对工艺人员无标准化的要求，所以工艺方法、叙述的内容各不相同，因此必须对过去的加工工艺及执行情况进行分析，加以优化处理。

(3) 制定工艺标准或规范。在分析、比较的基础上制定有关的名词和术语的定义、各类零件工艺路线标准或规范和加工工艺标准或规范。

工艺路线标准与规范包括：

① 毛坯的选择和制造；

② 零件的热处理规范；

③ 零件加工分类的条件；

④ 外协作技术条件。

对于各类零件的特殊工艺要求，可以制定各类零件的专用工艺路线原则。

加工工艺标准与规范包括：

① 机床规格的选用标准；

② 装夹方法的选用标准；

③ 经济加工精度的标准；

④ 通用工具、量具、辅具选用标准；

⑤ 加工顺序的安排原则；

⑥ 工序间加工余量标准；

⑦ 各类零件还可按其工艺特性制定专用加工工艺原则。

(4) 编制标准工序卡。在零件分类分组和制定工艺原则的基础上，根据分组的零件编制标准工序卡片。有一部分零件结构要素加工不但在同类的各组中均存在，而且在其他零件类中也存在，其加工方法基本相同，所以这些零件的要素工序卡可以做公共工序卡，而一些各类零件专用的工序卡可称专用工序卡。一般每一加工族由于其加工类型的条件不同，其主体加工工序往往是这类零件专用卡。例如，回转体零件中主体加工是车削加工，由于加工类别的不同，形成各类零件的车削加工工序，而加工要素的铣、拉、刨、钻、钳、磨等往往各类零件可以共享。

(5) 编制标准加工工艺规程。

① 编制标准工艺规程，即在编制各类标准工序卡的基础上根据各类各组的加工工序顺序原则，应用模块化、组合化原理，以标准卡片为模块，按加工工序将标准工序卡组合成各组零件的具体工艺规程。

② 编码处理，即为了便于标准工艺的使用，包括在 CAPP 系统的存储与检索，将已编制好的通用、专用工艺卡片及标准工艺规程，按工艺编码规定进行编码处理。

标准工艺文件使用时的注意事项：

① 使用各种不同形式工艺文件必须和零件图一起使用。因为标准工艺文件(除特殊工艺外)是关于零件加工工艺过程及每个工序装夹方法、加工部位，工艺要求的指导性技术文件，一般没有零件具体形状和尺寸、精度、技术条件，所以必须按图纸要求加工。

② 对使用标准工艺的有关人员必须进行教育。如加工余量等不能是某一零件的具体数据，必须由使用人员按图纸的尺寸对照文件上规定的数据进行加工。

③ 使用工具。一般工具(工具厂生产的)由使用人员按图纸借用，特殊的专用工具按规程上注明的借用。以上是使用标准工艺一般注意事项，具体使用时，可以根据文件形式及要求加以说明。

3.3　工艺设计标准与规范

3.3.1　基本概念

为了制定工艺标准与规范，对工艺标准与规范的定义必须有所了解，下面是 ISO/IEC 对有关标准与规范的定义。

1. 标准化

标准化是针对现实的或潜在的问题，为制定共同重复使用的规定所进行的活动，其目的是在给定范围内达到最佳有序化程度，特别是制定、发布和实施标准的活动。标准化的重要作用是改善产品、生产过程和服务对于预定目标的适应性，消除贸易壁垒，利于技术协作。

2. 标准

标准是得到一致(绝大多数)同意，并经公认的标准化团体批准，作为工作或工作成果的衡量准则、规则或特性要求，供有关各方共同重复使用的文件，目的是在给定范围内达到最佳有序化程度。标准应当建立在科学、技术的实践经验的坚实基础上，以促进获得最佳社会效益。

3. 技术规范

技术规范是描述产品、过程或服务的技术要求的文件。技术规范在必要时应能够确定的指出是否符合所规定的技术要求的工作程序(技术条件)与方法。技术规范可以作为标准或某项标准的一部分，也可以与标准无关。

4. 作业规范

为设备、产品、建筑物的设计、制造(施工)、安装、维修等提供作业程序、方法的文件。作业规程可以作为标准或某项标准的一部分，也可以与标准无关。

制定工艺标准与规范的目的是在机械制造工艺范围内使制造工艺达到最佳和有序化，符合机械制造的技术要求的工作程序(技术条件)与方法。

3.3.2　工艺路线规范

工艺路线是指产品或零部件在生产过程中，根据产品图样、工厂生产组织及设备分布情况与生产能力而编制的，由毛坯准备到成品包装入库所经过工厂各有关部门先后顺序的移动过程。

1. 盘、套、轴、螺类

(1) 无热处理。

① 毛坯—加工—装配；

② 毛坯—加工—外协—装配。

(2) 无毛坯热处理、有零件热处理。

① 毛坯—加工—热处理—装配；

② 毛坯—加工—热处理—加工—装配；

③ 毛坯—加工—热处理—加工—热处理—加工—装配。

(3) 有毛坯热处理、无零件热处理。

毛坯—热处理—加工—装配。

(4) 有毛坯热处理及零件热处理。

① 毛坯—热处理—加工—热处理—装配；

② 毛坯—热处理—加工—热处理—加工—装配。

(5) 预加工后毛坯热处理。

① 毛坯—预加工—热处理—加工—装配；

② 毛坯—预加工—热处理—加工—热处理—装配；

③ 毛坯—预加工—热处理—加工—热处理—加工—装配；

④ 毛坯—预加工—热处理—加工—热处理—加工—热处理—加工—装配。

2. 齿轮类

(1) 无热处理。

毛坯—加工—装配。

(2) 模数≤10，有毛坯热处理，无零件热处理。

毛坯—热处理—加工—装配。

(3) 模数≤10，无毛坯热处理，有零件热处理。

毛坯—加工—热处理—装配。

(4) 模数≤10，有毛坯热处理及零件热处理。

① 毛坯—热处理—加工—热处理—装配；

② 毛坯—热处理—加工—热处理—加工—装配。

(5) 模数＞10，有毛坯热处理。

毛坯—加工—热处理—加工—装配。

3.4 工艺设计标准化

3.4.1 工艺设计标准化的标准化

工艺是制造产品的科学方法。工艺标准化是应用标准化原理，根据产品特点，结合企业实际情况，对产品的工艺过程内容、工艺文件、工艺要素以及工艺典型化等方面进行统一规定，并加以贯彻执行的过程。工艺标准化的目的就是以工艺过程为研究对象，将工艺的先进技术、成熟经验以文件的形式统一起来，使工艺达到合理化、科学化和最优化。

标准化本身就是一种优化的过程。简化是借助标准化、规范化等科学方法，为达到化繁为简，化难为易的目的进行的活动。

对工艺过程及制造过程用标准或规范来统一指导，不仅可以节省大量用于手工重复劳动的技术准备时间，提高效率与降低成本，而且可以进一步适应市场竞争的需要，快速响应市场。这正是标准化发展的目的和方向。因此，企业要提高竞争力，不断设计适销对路的产品，且物美价廉，就必须加强产品工艺标准化工作。

3.4.2　工艺设计标准化与 CAPP 的关系

长期以来工艺标准化的发展在一定程度上先于 CAPP，而 CAPP 的发展是基于工艺标准化的基础，CAPP 的产生是工艺标准化发展的必然趋势，二者相辅相成。

工艺设计标准化的目的就是在于使同类零件在相同生产条件下，能够利用标准工艺，从而防止不必要的工艺多样化。由于将原来逐件设计的单独工艺统一成标准工艺，所以在标准工艺的基础上需进一步促使同类零件标准工艺所用的设备和工艺装备实现专业化、系列化、机械化乃至自动化，这样就能显著提高劳动生产率，保证产品质量，降低成本。CAPP 正是看重于这点，并依赖这点，对工艺过程文件进行计算机管理。

派生式 CAPP 系统就是建立在成组工艺的基础上，利用零件的相似性即相似零件有相似工艺规程的原理，一个新零件的工艺是通过检索系统中已有的、相似零件的工艺过程文件，并加以筛选或修改、编辑而成的。

CAPP 围绕着工艺数据进行工作，它最终将着力于为整个企业的运作提供数据信息和参考。CAPP 系统中产生的大量工艺数据，如设备、工装、材料、工时等一系列汇总数据反映生产流程的路线，通过企业计算机内部网络或计算机集成系统提供给设备部门、劳资部门和企业决策者，由各部门依据此工艺数据信息进行协调管理。

标准化和 CAPP 都是企业制造技术发展所必不可少的一部分。

3.4.3　工艺过程标准化的方法

典型工艺是最早的工艺设计标准化的体现。同一零件型工艺过程典型化，即可得到具有相同工艺顺序和工艺内容的典型工艺，这种典型工艺便能提供给同一零件型的零件使用。典型工艺零件分组的着眼点在于零件的结构特征相似，即同一组零件所具有的结构要素基本上都是相似的，只是尺寸规格不同，因此它们的加工工序内容和顺序基本是一致的。

典型工艺主要适用于产品品种和零件结构形状比较稳定的系列产品或批量较大的场合，如齿轮，标准件等零件。对于构成产品的大多数零件，由于零件的品种多，结构形状出入较大，则难以采用典型工艺。

针对上述典型零件应用存在的局限性，在典型零件的基础上发展了成组工艺。成组工艺不像典型工艺那样首先着眼于零件整个工艺过程的标准化，而是首先着眼于缩小工艺标准化的范围，从构成零件工艺过程的一道道工序入手，实现工序的标准化。成组工艺由于不要求零件属于同一型，只要一群零件的某道工序能在同一型号设备上，采用相同的工艺装备和调整方法进行加工，则这群零件在这道工序上便可归并成组。这种方式尤其适合于产品加工由刚性制造向柔性制造的转化。

在设计成组工艺规程时，一般采用两种方法。

对于回转体零件，采用复合零件法。所谓复合零件法，就是利用一种所谓的复合零件来设计成组工艺的方法。复合零件是拥有同组零件的全部待加工的表面要素的零件，在设计成组工艺规程时，要先在分类的基础上确定每组零件的复合零件，然后按复合零件设计工艺规程，此工艺规程作为该类零件的成组工艺。

复合零件法不适合非回转体零件，因此，在设计非回转零件的成组工艺规程时，应采用复合路线法。复合路线法是将零件族中每个零件需加工的工序都列在工艺卡片上，然后进行工序叠加，形成零件族的成组工艺。

3.4.4 工艺设计标准化的内容

工艺标准化是加强工艺技术及管理的有效途径，工艺标准化是整个标准化工作中的重要组成部分，它是提高企业工艺水平、保证产品质量可靠性、降低生产成本的重要手段之一。

工艺标准化的重要组成部分有：

① 工艺过程的标准化；

② 工艺装备的标准化；

③ 工艺术语的标准化；

④ 工艺符号的标准化；

⑤ 工艺参数的标准化等。

产品工艺标准化主要包括以下几个方面的内容：

1. 工艺文件标准化

产品的制造方法是在工艺文件中规定的。工艺文件反映了工艺加工的内容与水平，它是指导生产，实现产品设计要求的依据，对保证质量起到决定性的作用。

工艺文件的标准化主要是通过统一企业工艺文件格式、项目、种类、编写方法等，达到工艺文件的完整性。工艺文件标准化是指规定文件的齐套型，统一工艺文件格式，确定各种工艺文件的名称和代号，提出编写依据和方法等工作，其目的是通过标准化来加强工艺管理，提高工艺工作水平。目前，工艺文件主要指工艺规程、工艺守则、材料定额及有关典型工艺说明书等。

2. 工艺要素标准化

工艺要素标准化是指针对工艺要素的内容，结合本企业生产实际情况作出具体规定，形成企业标准，并贯彻执行的过程。工艺要素标准化应包括三个方面的内容，即工艺余量和公差标准化、切削参数标准化和工艺尺寸标准化。

3. 工艺术语及符号标准化

由于机械加工工艺语言缺乏标准化，对同一零件来说，在不同行业、不同工厂、不同的工程技术人员或学生之间，编写出的工艺文件，除了工艺方法不同外，还有工艺术语上混乱和错误。这对工艺文件的贯彻产生不利的影响，对具有科学性、严肃性和纪律性的工艺文件来说，是不应该存在的，这就要求对机械加工工艺术语进行标准化，使其简捷、准确和通用。

4. 工艺文件管理标准化

工艺文件的管理标准化应包括工艺文件的会签制度、工艺文件的归档和发放办法、工艺文件的更改办法等。工艺文件的管理标准化对于企业的技术管理十分重要，如果忽视了这些标准，在新产品的开发和产品的生产中就不可能做到井然有序，从而造成经济上的损失。

5. 工艺装备标准化

开展工艺装备标准化的任务有以下两个方面：

(1) 采用标准工装和通用工装，减少专用工装数量，用尽量少的工装品种、规格来满足生产上的需要，从而可以避免重复设计，减少工装设计工作量，缩短生产准备周期，降低工装成本。

(2) 提高自制工装零部件的标准化程度，采用标准的零部件进行工装设计，以保证工装质量，缩短设计和制造周期。

6. 日常的工艺文件标准化审查工作

除了制定一系列工艺标准外，还要搞好日常的工艺文件标准化审查工作，它包括工艺文件的齐套性、正确性和统一性的审查。标准化审查参见 JB/Z338.7—1988。

第4章　工艺数据库

4.1　概　　述

当今CAPP阵营中，已经形成了基于文本的CAPP系统和基于网络与数据库的CAPP系统两种不同数据格式的产品。

基于文本的CAPP系统出现得比较早，有一部分产品在DOS年代就产生了，其特点是：编制的工艺卡片所有信息，包括文字、工程符号和工序附图等直接存放在文件中，数据的存储以文本形式进行。当然，文本型CAPP系统并非完全与数据库无关，文本型CAPP系统之所以不同于Word或AutoCAD，在于它除了能进行文字、图形处理外，还提供相关的工艺数据管理功能，即可采用数据库对产品结构、工艺术语、企业资源进行管理，在编制工艺卡片的过程中可以在线查找、引用这些参考数据，通过专用的接口软件，可以将工艺文件中的工艺数据读取出来，并按指定格式存放到数据库中。

文本型CAPP的特点是入门容易、上手快、系统简洁实用，但在数据的处理、与相关信息系统集成方面存在先天的缺陷。数据库型CAPP的特点是起点高、功能全面、容易进行数据集成和后续处理；但系统相对比较复杂，对用户的计算机应用水平有较高的要求。

基于数据库的CAPP系统是随着网络和数据库的发展而逐步出现的，其特点在于：系统中工艺卡片的填写过程，实质就是在CAPP提供的表格界面中对数据库进行操作的过程，所有的工艺数据，包括文字、附图、工程符号都存放在数据库中。在应用CAPP系统之前必须对数据库结构进行认真规划，以便填写的数据能够分类存放，集中显示。

从计算机技术的发展趋势看，网络和数据库的应用将越来越普及，企业信息系统会越来越多地考虑CAD/CAPP/PDM/ERP的集成应用，因此，基于网络和数据库的成熟的CAPP系统必然成为今后CAPP应用的主流。但当前国内基于网络和数据库的CAPP系统，总体在技术上还不够成熟，系统稳定性还有待提高；CAPP的用户主要是制造企业的工艺部门，他们的数据库应用水平普遍不高；多数企业的CAPP应用还处于“甩钢笔”阶段，其目标主要是通过应用CAPP系统，将工艺人员从繁杂的手工抄写、查找资料等重复劳动中解放出来，提高工艺部门的工作效率和工作质量。这种情况下，实施简单实用的文本型CAPP系统未必不是一个合理的选择。

总之，数据库型CAPP在技术上领先于文本型CAPP，代表了CAPP系统将来的发展方向，但一段时间内，两种类型的CAPP还将在市场上共存一段时间，以满足不同层次用户的不同需要。

4.2　基于数据库的参数式 CAPP 系统

计算机辅助工艺过程设计(CAPP)，解决了工艺过程设计中的多样性问题，减少了工程师的重复劳动，有利于实现标准化和工艺过程的优化，保证工艺设计的质量。

应用型 CAPP 系统主要有两种：派生式和创成式。派生式工艺设计利用零件结构的相似性，通过检索得到相似零件的工艺规程，并对此进行编辑修改，而创成式工艺设计则利用人工智能的方法，通过相应的决策逻辑推理和知识库，创造性地解决工艺设计问题。

由于人工智能本身的不成熟性和推理机构的局限性，专家 CAPP 系统远未进入实用阶段。

派生式 CAPP 较实用，常用的有三种模式：

(1) 利用 WPS、Word 等通用文字处理软件生成固定表格，按工艺卡格式进行填充。此种模式仅仅是提高了表格和图的质量，统一了文字表格和图的格式，并没有解决手工编辑工艺文件所存在的问题。

(2) 基于 AutoCAD 等 CAD 软件平台设计工艺卡片，利用数据文件辅助工艺卡片的填写。这种模式虽解决了工艺卡片中的文字编辑和工艺简图绘制问题，但没有数据库管理功能，没有工艺卡汇总、统计等功能，没有解决工艺数据的管理问题。

(3) 基于 FoxPro、PowerBuilder 等数据库平台，利用数据库辅助工艺卡片的填写。这种模式解决了工艺数据的数据库管理问题，但图形编辑困难，同时对工艺数据没有考虑到今后其它 CAX 系统的应用，形成新的数据“孤岛”。

4.2.1　总体思想

在确定系统的总体思想时，从企业和产品的实际情况出发，首先考虑满足企业的具体要求，同时兼顾系统的先进性，考虑企业管理系统中的数据模式，设计了一种基于数据库的参数式 CAPP 系统方法。

系统的总体思想：

(1) 基于企业网络，建立产品数据库；

(2) 面向企业产品数据管理系统，所有工艺数据为其他 CAX 系统和 MIS 系统所共享；

(3) 在工序安排上实现标准化。应用成组技术，根据零部件结构的相似性，自动查找典型工艺库中合适的典型工艺，得到产品工艺的模板；

(4) 每一工序的工步内容，如工序内容说明、加工设备、车间、工装等，根据加工方式与工艺参数，自动决策并填充，自动计算定额工时。修改工步内容中的有关参数时，系统能自动得到相似结构产品新的工序内容和新的定额工时。

4.2.2　基于数据库的系统核心

数据库技术在数据管理、维护、查询、汇总等方面具有无法比拟的优越性。工艺设计需要产品的大量原始数据，如产品物料清单(BOM)、产品图纸等，同时工艺设计过程中涉及企业的大量数据，如企业文献、国家标准和企业标准、工艺手册以至企业车间、设备等。我们应用数据库技术建立了有关的大量数据库，包括产品基本数据库、材料库、工装库、设备库、工种车间库、工时定额库、典型工步库等，这些数据库为 CAPP 系统和其他 MIS 系统提供可靠的基础数据，并由此生成或派生出其他数据库，如典型工艺库、产品工艺库、材料明细库、生产进度表等。

系统基于大型商业数据库软件 PowerBuilder 开发，网络环境，数据库模型，如图 4-1 所示。

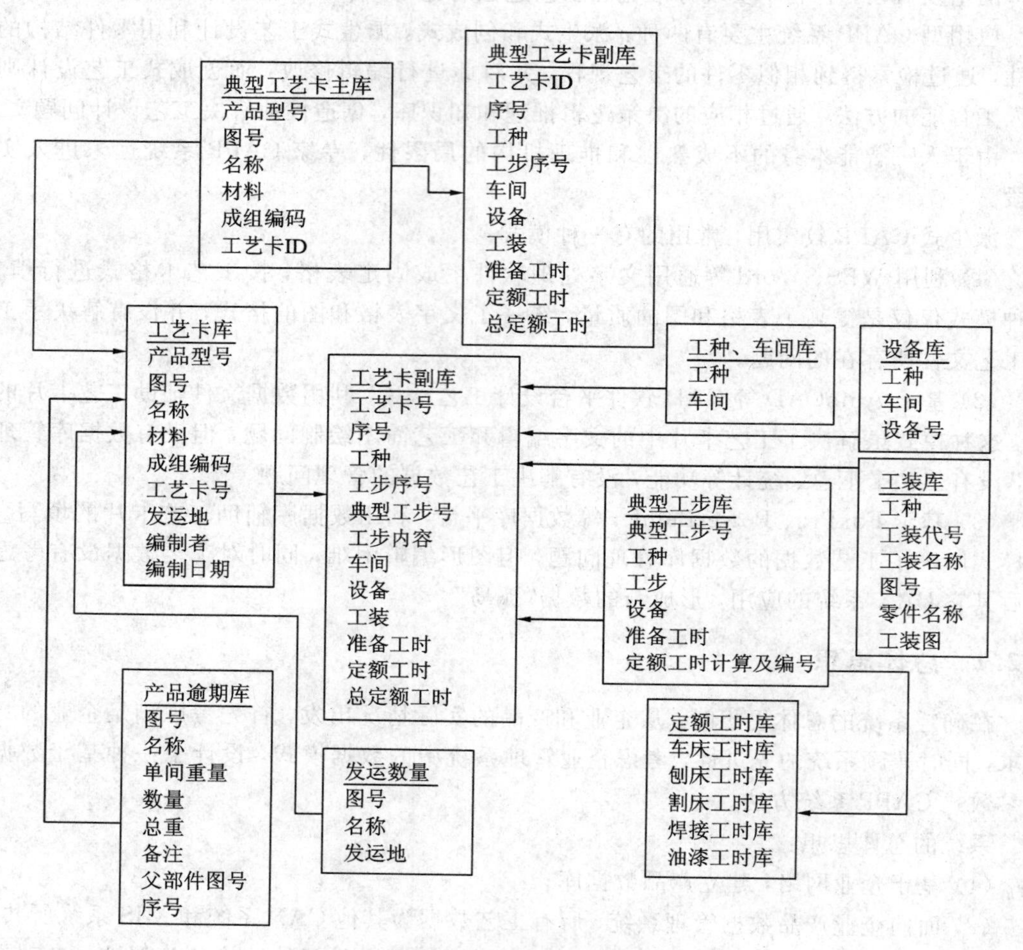

图 4-1　网络库数据模型

4.2.3　独特的参数式方法

在对每一工步的信息输入方面，我们不是采用将工步内容的每一项逐栏填入的填卡式方法，而是采用具有产品数据意义的参数输入方法。

参数输入采用简洁友好的中文对话框输入。通过基本信息区和工艺参数区的参数输入和附加因素区的附加参数输入，如工步名称、加工材料、加工参数和加工方法等，自动在工装区从相应的数据库中得到每一工步的生产车间、加工设备、工装设备，并在工艺结果区自动组合工序内容和自动计算定额工时，这些内容全部自动地填充到工艺卡的每一工步上。

参数式输入方法将工艺内容中的叙述性文字转化为具有产品数据意义的参数数据，不仅有效实现了工时定额计算的自动化，而且这些具有产品数据意义的参数数据直接为其他 CAX 系统和企业 MIS 系统所共享，有利于实现全企业产品数据的管理。此外，只需修改某些参数，即可自动得到新的工序内容和新的定额工时，从某种意义上来说，实现了工艺卡的参数化。

4.2.4 智能的工步方案决策

在工序工种安排上，我们进行标准化工作，根据各加工分厂的设备布置，零件的加工成本等由有经验的工艺人员确定。工种确定以后，工艺过程卡的大致框架就基本形成，结合实践经验及工种的通用规则，填写每一工种的操作内容，包括工序内容说明、所在车间、所用设备、工装等。根据操作内容，对照时间定额标准确定定额工时。

对于工步方案的填写，系统基于产品数据库和工艺知识库对工步内容中的各项参数自动决策并填充。主要包括：

(1) 工序内容说明。根据工步名称、加工材料、规格参数和工艺参数获得。例如，工步名称＝“锯”，加工材料＝“工字钢”，规格为 20 mm，长度为 2 m，件数为 5 件，拼接方式为半数拼接，则工序内容栏自动组合为：“锯工字钢 20×2000，5 件，半数拼接”。

(2) 车间。主要根据工厂的工种、车间数据库获得。

(3) 设备。根据工种、规格参数和设备库获得。例如，对于钢材下料，所需加工设备的决策原则是：

① 厚度≥14 mm 的板材选用火焰气割下料；

② 厚度≤12 mm 的板材可选用 Q11－16，Q11－8，Q11－6，Q11－3 剪床下料。

③ 中大规格的型钢，如果切口有粗糙度要求，选用 G72 弓锯，G607 圆盘锯，GL4025A 带锯下料。如果没有粗糙度要求可选用气割下料。

④ 小规格的型钢一般采用砂轮切割由铆工下料。

(4) 工装。根据工种和零件结构形状自动查找工装库。

(5) 工时定额。根据工种、规格参数、工艺参数、加工设备和定额工时库自动计算工时定额。

4.2.5 面向企业产品数据管理

一般的 CAPP 系统，由于采用填卡式的方法，因此，大多数数据不能被其后的 CAX 或 MIS 系统所共享，造成新的数据“孤岛”问题。

我们基于数据库技术和参数输入方法，参数数据具有特定的产品数据含义，因而能够为其后的 CAX 系统和 MIS 系统所共享。系统具有多输出通道，工艺卡不是唯一的数据出口，所有数据库数据都能为其他系统如成本核算系统、车间作业系统、生产计划系统、材料供销系统等共享。系统考虑了企业未来的发展，留有充分的可扩展设计和数据接口。

CAPP 系统与其他 CAX 系统和 MIS 系统的结构框图，如图 4－2 所示。

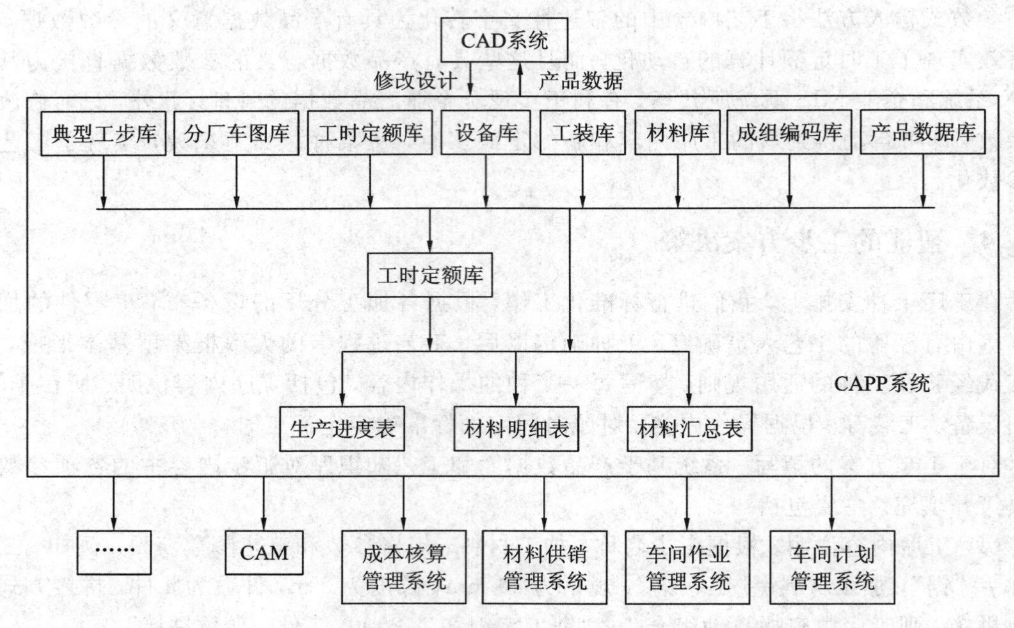

图 4-2　面向产品数据管理的 CAPP 系统

4.3　CAPP 中工艺资源数据库的管理与应用

工艺资源是 CAPP 的基础数据，它包含了工艺设计所用到的各种设计资源，CAPP 系统必须在一定的工艺设计资源的约束下才能正确地进行工艺规划，并对企业的生产活动起到正确的指导作用，为了提高 CAPP 系统的运作效率，必须建立工艺资源数据库，并实现工艺资源数据的集成管理和应用。

以多品种、小批量产品制造企业的工艺设计实际需求和环境为背景，设计开发了一个基于网络与数据库的集成化 CAPP 系统，着重讨论其中的工艺资源数据库的管理以及在工艺设计中的应用。

4.3.1　集成化 CAPP 系统的总体结构

集成化 CAPP 系统充分利用先进的网络和数据库技术，考虑各功能模块之间的联系，建立基于网络和数据库的集成化 CAPP 系统。利用数据库技术建立了工艺数据库和工艺资源数据库，实现工艺数据和工艺资源的有效管理，提高工艺设计的质量和效率，其总体结构如图 4-3 所示。

在现代制造系统中，CAPP 已不再是一个孤立的系统，它本身要与其他应用系统（如 PDM、CAD、CAM 等）进行数据交换与共享，因此必须将网络与数据库技术应用到 CAPP 系统中。企业的产品工艺数据集中到工艺数据库中，通过网络其他应用系统可以在数据库中存取数据。在数据库管理系统的支持下，工艺数据的安全性和一致性得到保证，各系统的数据交换和传输接口也能得到统一。这决定了 CAPP 系统必须建立在集成的数据管理平台之上。

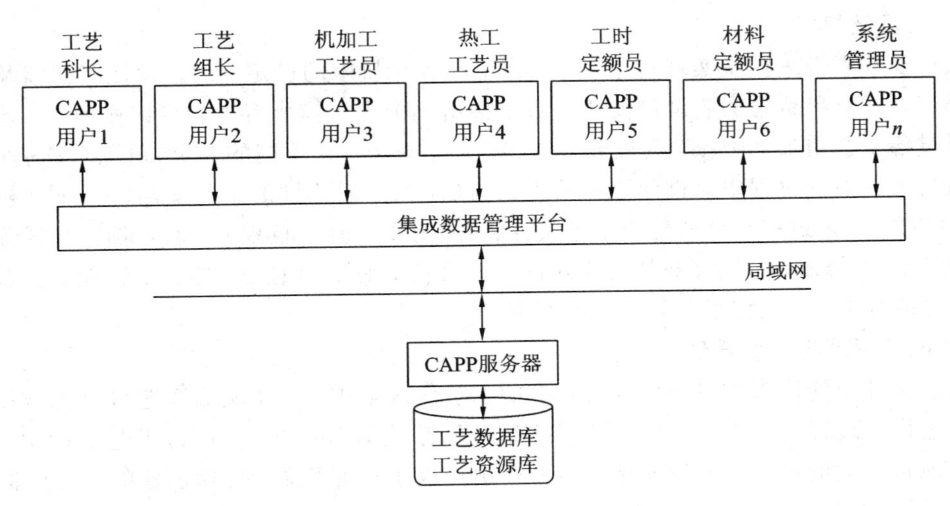

图 4－3　集成化 CAPP 系统结构

工艺设计结果必须以工艺数据库的形式保存起来，工艺人员可随时浏览、查询和打印，这些工艺数据包括工艺过程卡、工序卡、物料清单、毛坯图、工装图、热处理作业指导书、数控编程任务书、数控加工过程卡、数控程序清单以及大量的成熟工艺资料和标准。在工艺设计过程中，工艺资源的合理使用是提高工作效率、保证工作质量的主要手段之一。工艺资源包括刀、夹、量、辅具、设备、材料、切削用量、工时定额、公差配合等各种数据以及各种工艺术语等。为使工艺设计者能方便快捷地检索到所需的数据，系统就必须建立相应的工艺资源数据库及其管理功能模块。

4.3.2　工艺资源数据库管理

工艺资源数据库既要处理大量的文字数据、说明数据、表格数据，还要处理相当数量的图形数据，而且要求支持交互式操作，其存储量大，形式多样，关系复杂，动态性强。

工艺资源管理模块担负着维护工艺资源的工作，所有库的维护工具都基于可视化界面，可提供多种数据输入方法，操作简单。为了使工艺设计者能高效地利用现有的工艺资源，资源数据库管理模块还必须提供合理的库结构和查询机制，以方便快捷地查询到所需要的数据，并直接输出到相应的工艺文件中。

工艺资源管理模块由人员及权限、设备管理、工装管理、标准件管理、工艺术语、工序名称管理等六个子模块组成，如图 4－4 所示。

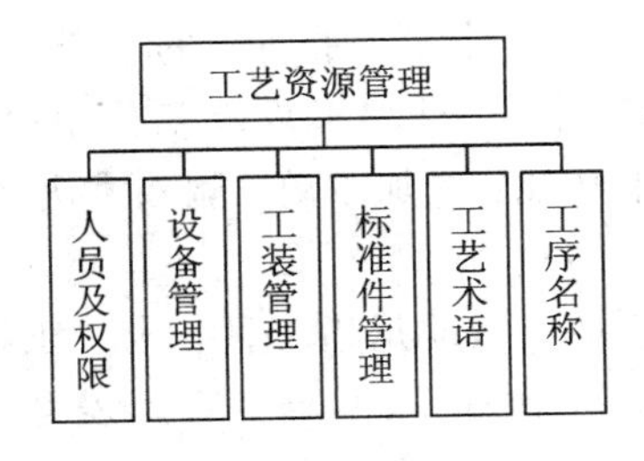

图 4－4　工艺资源管理模块

1. 人员及权限

人员及权限管理模块实现对用户、工作组及各自权限的设定。工艺设计流程涉及各个工艺部门，一个产品的工艺设计任务一般不会由一个人包揽所有工艺设计任务。工艺设计项目经过各工艺组长的委派，会被分解为多个工艺任务，由不同的人员(角色)来完成。各任务执行人在设计过程中会创建不同的工艺文档，或者对不同的工艺文档进行不同权限的操作，比如，工艺过程卡就要经历工艺设计、工艺校核、热工校核、工时定额四个任务的执行人(角色)的修改。不同任务执行人对同一个文档又有不同的处理权限。管理员负责系统维护，包括对用户、工作组及其权限的管理。

2. 设备管理与工装管理

工艺文件中的许多数据项对应着相应的工艺资源数据，为了提高工艺设计的效率，用户在工艺设计过程中可以查询所需的工艺设计资源数据。例如，在进行工艺设计时，系统将准确地将企业的设备、工装等显示出来供用户选用。在资源管理库创建的资源数据表对象(如这里的设备、工装等)的基础上，可以根据企业资源的构成加以扩充以满足需要。库中的各数据表是工艺资源库的主要构成部分。其中，设备管理是三级管理，即工种代号、设备型号、设备名称及性能参数(例如工种代号为C，设备型号为C620-1，设备名称为普通车床)。

本模块的界面有三个列表，分别对应上述的三级。在此处工种代号列表是不可编辑的(工种代号数据的增、删、改在工序代号管理模块中进行)，选择其中一种工种代号，设备型号列表框列出该工种可用的设备型号，用户可以通过单击某个设备型号来查看设备名称及性能参数，从而选择出适当的设备型号。设备管理模块还可以对工艺资源库中的加工设备及时进行更新操作。

工装管理模块与设备管理模块功能相似，主要实现刀具、量具、夹具及辅具的管理功能。

3. 标准件管理

标准件库是系统自动区分标准件零件清单的依据，本模块的界面由下述组成：标准号、名称、料单种类、系列号、规格。其中标准号是指类似GB70这样的节点图号，系列号是指规格主项，如M5、M6等。一个标准号可以对应几个系列号，规格是指规格后项，如M5×10中的10就是规格后项，一种系列号可以对应几种规格，料单种类是指系列号应提取的购件清单类型。本模块有下述功能：新增标准号、删除标准号、修改标准号、新增系列号、删除系列号、修改系列号、新增规格、删除规格、修改规格、修改料单种类等。

4. 工艺术语库管理

工艺术语库管理用来管理工艺设计工作中使用的术语，用户将工艺术语进行分类，创建工艺术语库，以便工艺设计时调用，有利于规范工艺用语，同时加快工艺设计的速度，提高工作效率。该模块具有以下功能：增加术语、删除术语和编辑术语。

5. 工序名称管理

工序名称库是二级管理，所谓二级即是指工种代号、工种名称两级。本模块的界面为左、右两列表，左列表是工种代号(例如C、C0)，右列表是对应工种代号的工种名称列表(例如车、精车等)。按工种(车、铣、刨、磨、钻等)组织工序的代号，为编制工艺过程准备基础数据。本模块的功能包括：新增工种、删除工种、新增工序名称、删除工序名称、修改工序名称等。

4.3.3 工艺资源库的应用

从产品结构树上选择节点进行工艺设计，进入机械加工工艺编辑界面，这是一个所见即所得的工艺编辑器。用户用鼠标双击其中的单元格，系统就弹出相应的对话框，辅助用户进行工序名称选择、常用工艺术语输入以及设备、工装选择等操作，方便快捷，如图 4－5所示。

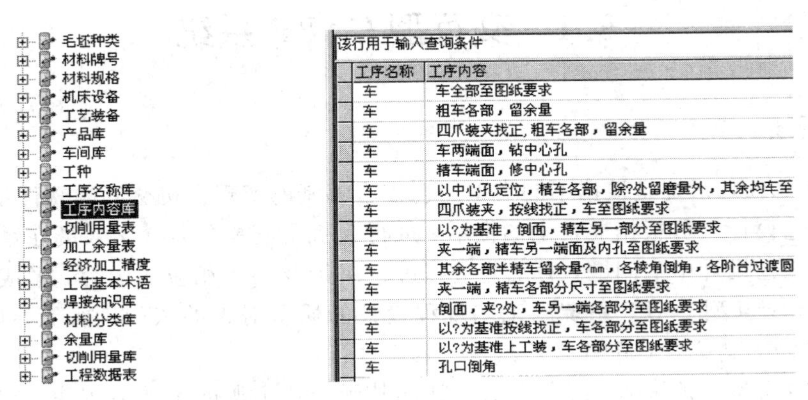

图 4－5　机械加工工艺编辑界面

4.3.4 总结

集成化 CAPP 系统的开发和应用，不仅仅是用计算机打印代替手工填写工艺卡片，而是对工艺数据和工艺资源以及全部工艺设计活动进行有效管理的解决方案，是促进工艺标准化、规范化的重要手段；反过来，工艺资源的合理使用以及工艺设计的标准化、规范化又是提高 CAPP 应用效果、改善整个企业生产管理的重要方面，并将从根本上提高工艺设计的质量。随着制造业信息化建设的进一步发展，网络和数据库技术将大大改变 CAPP 系统的专用性和局限性。工艺资源数据库作为 CAPP 的重要支撑，将在 CAPP 中起到越来越重要的作用。

第5章　CAPP的类型

5.1　交互型CAPP系统

5.1.1　概述

交互型CAPP系统是根据不同类型工艺需求编制的实现人机交互的软件系统。在工艺设计时，工艺设计人员根据屏幕上的提示，进行人机交互操作，操作人员在系统的提示引导下，回答工艺设计中的问题，对工艺进程进行决策及输入相应的内容，形成所需的工艺规程。因此，交互型CAPP系统的工艺规程设计的质量对人的依赖性很大，且因人而异。一个实用的交互型CAPP系统必须具备下列条件：

(1) 具有支持工艺决策、工艺参数选择的基于企业资源的工艺数据库，它由工艺术语库、机床设备库，刀具库、夹具库、量具库、材料库、切削参数库、工时定额库等组成。

(2) 应有一个友好的人机界面，一个友好的人机界面必须具备下列功能：

① 实时、快速响应；

② 整个系统的组成结构清晰；

③ 界面布置合理，方便操作；

④ 用户记忆量最小，图文配合适当。

(3) 具有纠错、提示、引导和帮助功能。

(4) 数据查询与程序设计能方便地进行切换，查询所得数据能自动地插入到设计所需地点。

(5) 能方便地获取零件信息及工艺信息。

(6) 能方便地与通用图形系统链接，获取或绘制毛坯图及工序图。

5.1.2　交互型CAPP系统的总体结构与工作流程

一个典型的交互型CAPP系统总体结构如图5-1所示，它由零件信息输入、零件信息检索、交互式工艺编辑、工艺规程管理、工艺文件输出等模块以及CAPP相关工具构成。

1. 零件信息检索

工艺人员在编制零件工艺时，首先就要进行零件信息检索。在工艺人员输入零件图号后，系统将检索零件信息数据库，并将检索出的零件信息显示出来，工艺人员可以编辑零件信息，也可以交互式输入该零件的加工工艺。如果没有检索到该零件，表示该零件信息没有建立，系统会给出提示。

2. 零件信息输入

提供一个工艺人员交互输入零件信息的窗口。工艺人员根据零件的具体情况，输入诸如零件图号、零件名称、工艺路线号、产品和部件编号、材料牌号、毛坯类型、毛坯尺寸和设计者等基本信息。

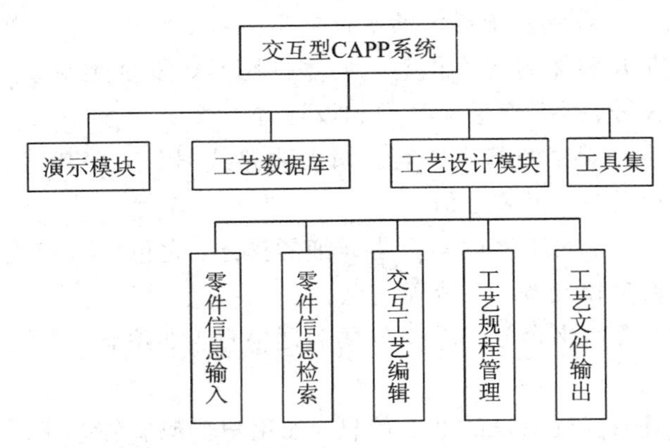

图5－1　交互型CAPP系统总体结构

3. 交互式工艺编辑

提供一个工艺人员交互输入工艺内容和工步内容的窗口。工艺人员可以很方便地添加、删除、插入和移动工序。在工艺编辑过程中，工艺人员还可以方便地查询各种工艺数据，如机床、刀具、量具、工装和工艺参数等。

4. 工艺规程管理

一个完整的工艺规程制订过程，应包含一个对制订工艺规程过程进行管理的过程。

5. 工艺文件输出

系统主要输出两种工艺文件，即工艺卡和工序卡。

6. CAPP相关工具

CAPP相关工具包括工艺数据及管理系统，计算机辅助编码系统和工艺尺寸链计算等。

图5－2为交互型CAPP系统工作流程，系统采用人机交互为主的工作方式，使用人员在系统的提示引导和工艺数据库的帮助下，进行交互式工艺编辑，系统则完成工艺规程管理和工艺文件输出。

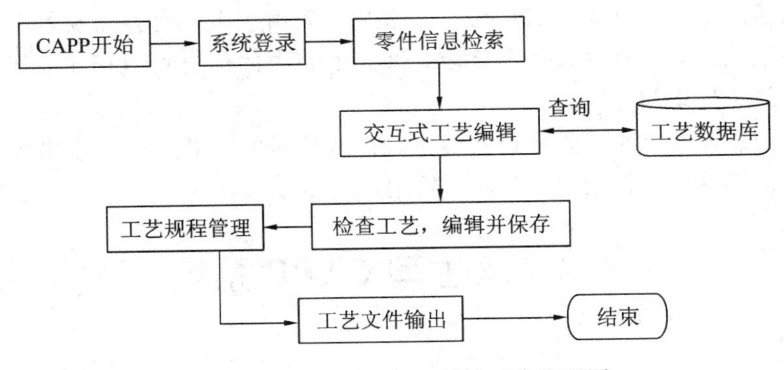

图5－2　交互型CAPP系统工作流程图

5.1.3 交互型 CAPP 系统的数据结构

在工艺设计过程中，需要系统提供的数据信息有：

(1) 零件信息。存放零件的基本信息，如零件图号、零件名称、工艺路线号、产品编号、部件编号、材料牌号、件数、毛坯类型和设计者。

(2) 工艺信息。存放工序的基本内容，如工艺路线号、工序代号、工序名称、工序描述、切削参数、工时和设备、工装等信息。

(3) 工步信息。工步是对工序内容更为详细的描述，它包括工步代号、工步内容、工艺路线号、切削参数、工时和设备、工装等信息。

(4) 表尾信息。主要用来存放工艺文件的表尾信息，如编制、审核、会签、批准及其相关的时间等数据。

(5) 用户信息。用来存放用户的基本信息，如用户代码、名称等。

(6) 用户自定义数据库。其内容根据企业实际资源及工艺设计的要求来定，一般包括：工艺术语库、机床库、刀具库、量具库等。

上述提到的工艺数据信息都有各自的数据结构。数据结构是指数据的组织形式，由逻辑结构和物理结构构成。工艺数据是指 CAPP 系统在工艺设计和工艺管理中使用和产生的数据。CAPP 系统一方面要利用系统中存储的工艺数据与知识等信息进行工艺生成，另一方面还要生成各种工艺文件、工序图等，其工作过程实际上是对工艺数据与知识库的访问、调用、处理和生成新数据的过程。工艺数据分静态数据和动态数据，静态数据主要指工艺设计手册上已经标准化和规范化的工艺数据、原型工艺规程，如：加工材料数据、机床数据、刀具数据、量夹具数据等；动态数据是指工艺设计过程中产生的相关信息，如：中间过程数据、工序图形数据、中间工艺规程等。

工艺数据的逻辑结构指工艺数据元素之间的关系，它独立于数据的存储介质；工艺数据的物理结构则是指工艺数据在计算机存储设备中的表示及配置，也叫工艺数据的存储结构。工艺数据的逻辑结构是在用户面前呈现的形式，系统通过指定软件把元素写入存储器，构成了数据的物理结构。

在 CAPP 系统中的数据结构多采用关系型数据库来存放数据。在关系型数据库中，信息被组织成一系列二维表结构，每一张二维表被称为一个关系(Relation)或者表(Table)，不同的表可以通过唯一的标识(关键字)互相关联。表由表名、列名以及若干行组成，表中的每一行叫做记录，每一列叫做一个字段，每一个表中的信息可以简单、精确、灵活的描述客观世界中的一件事情。

对零件的信息而言，零件图号是关键字，它是唯一的，用户只要给出零件图号，系统就可以检索到该零件的零件信息，并显示给用户。

5.2 派生型 CAPP 系统

5.2.1 概述

派生型 CAPP 系统利用零件的相似性来检索现有的工艺规程，系统是建立在成组技术基础之上，零件按照其几何形状或工艺的相似性归类成族，建立零件族主样件的典型工艺规程即标准工艺规范，它可以按零件族的编码作为关键字存入系统数据库或数据文件中，标准工艺规范的内容通常包括完成该零件族零件加工所需的加工方法，加工设备，工、夹、量具及其加工顺序等，其具体内容可根据系统开发对象的实际情况而定。

对一个新零件的工艺设计，就是按照其成组编码，确定其所属零件族，对其标准工艺规程进行检索、筛选、编辑，最后按一定的格式输出。在这个意义上，派生 CAPP 系统又被称为变异型、修订型或检索型 CAPP 系统。

5.2.2　派生型 CAPP 系统的工作原理

派生型 CAPP 系统工艺决策的基本原理是利用零件的相似性，相似的零件有相似的工艺规程，一个新零件的工艺规程，是通过检索相似零件的工艺规程并加以筛选或编辑而成。

相似零件的集合称为零件族，能被一个零件族使用的工艺规程称为标准工艺规程或综合工艺规程。标准工艺规程可看作为一个包含该族内零件的所有形状特征和工艺属性的假想复合零件而编制的。根据实际生产的需要，标准工艺规程的复杂程度、完整程度各不相同，但至少应包括零件加工的工艺路线(加工工序的有序序列)，并以族号作为关键字存储在数据文件或数据库中。

在标准工艺规程的基础上，当对某个待编制工艺规程的零件进行编码、划归到特定的零件族后，就可根据零件族号检索出该族的标准工艺规程，然后加以修订(包括筛选、编辑或修改)。修订过程可由程序以自动或交互方式进行。同时，派生型 CAPP 系统还需要有存储、检索、编辑主样件典型工艺规程的功能以及具有支持编辑典型工艺规程的各种加工工艺数据库。

5.2.3　派生型 CAPP 系统的设计过程

1. 选择合适的零件分类编码系统

在设计系统之初，首先要选择和制定适合本企业的零件分类编码系统，用来对零件信息进行描述和对零件进行分族，从而得到零件族矩阵并制定相应的典型的工艺规程。目前，在国内外已有 100 多种编码系统在各个企业中应用，每个企业可以根据本企业的产品特点，选择其中一种，但如果现有系统不能完全适合本企业产品零件的要求，则可以对该系统进行修改或补充。在选择系统时，主要以实用为主。

2. 零件分类归族

对零件进行分类归族，是为了得到合理的零件族及其主样件。方法就是按照一定的相似性准则，将品种繁多的产品零件划分为若干个具有相似特征的零件族(组)。一个零件族(组)是某些特征相似的零件的组合。

进行零件分类成组时，正确地规定每一组零件的相似性程度是十分重要的。如果相似性要求过高，属于该族中的零件只需要对标准的工艺规程进行极少量的修改，就能得到零件的工艺规程，但相似性要求过高则会出现零件组数过多，而每组内零件种数又很少的情况；相反，如果每组内零件相似性要求过低，则难以取得良好的技术经济效果。

3. 主样件设计和标准工艺规程的制定

主样件可以是一个实际的零件，也可以是一个虚拟的零件，它是对整个零件族的一个抽象综合。在确定主样件时，应该以该零件族中最复杂的零件为基础，尽可能地覆盖该族其他零件所有的几何特征及工艺特征，构造一个新的零件，从而就得到了一个主样件。

零件族的典型工艺规程实际上就是主样件的加工工艺规程，主样件的工艺规程应该能够满足零件族中所有零件的加工工艺设计的要求。在制定典型工艺规程时，一般请有经验的工艺人员或专家，综合企业资源的实际情况及加工水平，对零件族内的零件加工工艺进行分析，选择一个工序较多，加工过程安排合理的零件的作为基础，制定代表零件族的主样件的工艺路线。

4. 工艺数据库的建立

变异型 CAPP 系统与其他类型 CAPP 系统一样，它是在完善的工艺数据库支持下而运行的。数据库技术在数据管理、维护、查询、汇总等方面具有无可比拟的优越性。工艺设计需要产品的大量原始数据，如产品物料清单(BOM)、产品图纸等，同时工艺设计过程中涉及企业的大量数据，如企业文献、国家标准和企业标准、工艺手册以及企业车间、设备等。我们应用数据库技术建立了相关大量的数据库，包括产品基本数据库、材料库、工装库、设备库、工种车间库、工时定额库、典型工步库等，这些数据库为 CAPP 系统和其他管理信息系统(MIS)提供可靠的基础数据，并由此生成或派生出其他数据库，如典型工艺库、产品工艺库、材料明细库、生产进度表等。

工艺资源数据库既要处理大量的文字数据、说明数据、表格数据，还要处理相当数量的图形数据，而且要求支持交互式操作，其存储量大，形式多样，关系复杂，动态性强。

工艺资源管理模块担负着维护工艺资源的工作，所有库的维护工具都基于可视化界面，可提供多种数据输入方法，操作简单。为了使工艺设计者能高效地利用现有的工艺资源，资源数据库管理模块还必须提供合理的库结构和查询机制，以方便快捷地查询到所需要的数据，并直接输出到相应的工艺文件中。工艺资源管理模块由人员及权限、设备管理、工装管理、标准件管理、工艺术语、工序名称管理等模块组成。

工艺资源是 CAPP 的基础数据，它包含了工艺设计所用到的各种设计资源，CAPP 系统必须在一定的工艺设计资源的约束下才能正确地进行工艺规划，并对企业的生产活动起到正确的指导作用，为了提高 CAPP 系统的运作效率，必须建立工艺资源数据库，并实现工艺资源数据的集成管理和应用。

5.2.4　派生型 CAPP 系统基本构成与运行过程

派生式 CAPP 系统的结构如图 5-3 所示，图中实线框给出系统的程序模块和数据库，虚线框给出设计或修改标准工艺规程所使用的应用程序及有关加工要素(工步、工序、加工设备等)的处理程序。

派生式 CAPP 系统开发完成后，工艺人员就可以使用该系统为实际零件编制工艺规程，具体运行步骤如下：

(1) 按照采用的分类编码系统，对实际零件进行编码。

(2) 检索该零件所在的零件族。

(3) 调出该零件族的标准工艺规程。

(4) 利用系统的交互式修订界面，对标准工艺规程进行筛选、编辑或修订。有些系统则提供自动修订的功能，但这需要补充输入零件的一些具体信息。

(5) 将修订好的工艺规程存储起来，并按给定的格式打印输出。

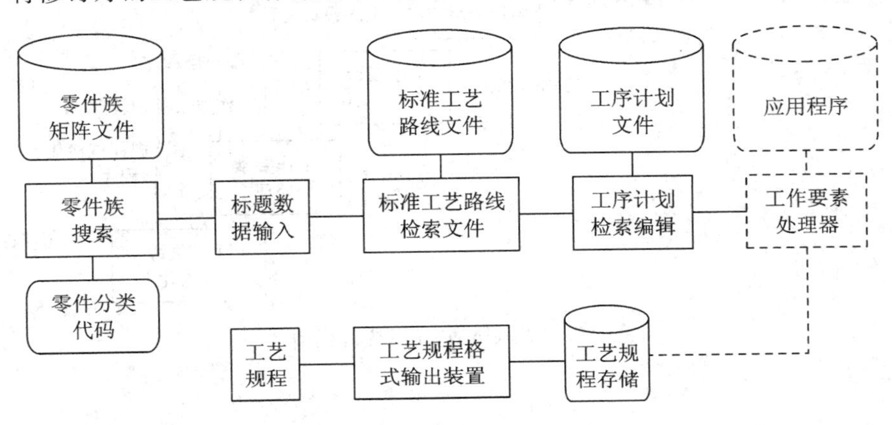

图 5－3　派生式 CAPP 系统基本结构

5.2.5　派生型 CAPP 系统的应用示例

派生型 CAPP 系统的应用，不仅可以减少工艺人员编制工艺规程的工作，而且相似零件的工艺过程可达到一定程度上的一致性。此外，从技术上讲，基于成组技术的派生式 CAPP 系统容易实现，因此，目前国内外传统企业实际应用的系统大都属于派生式 CAPP 系统。

变异型 CAPP 系统仍需具有经验的工艺人员编制工艺规程，且标准工艺规程未考虑生产批量、生产技术、生产手段等因素，当生产批量、技术和手段改变后，系统不易修改。因此，主要适用于零件族数较少、零件结构简单、每族内零件项数较多、零件种类和批量相对稳定的制造企业。

例　CAM－I 系统

该系统是由总部设在美国的国际计算机辅助制造公司主持开发。它以成组技术为基础，分类和编码方法由用户决定，码长可由用户选择，最多不超过 36 位。图 5－4 是该系统的流程图，由图中可以看出，待设计工艺的零件首先应按选定的分类编码系统进行编码，并输入系统，系统利用零件的分类码去检索它应录用的零件族。每个零件族都有自己固有的特征矩阵，如图 5－5 所示，它已预先存入零件族矩阵文件中，当零件分类码与零件族矩阵文件中某一矩阵所反映的码域相符时，便被确认为是该零件族的成员，据此便可调用该族零件的标准工艺，对标准工艺按要求进行编辑，完成工艺设计。

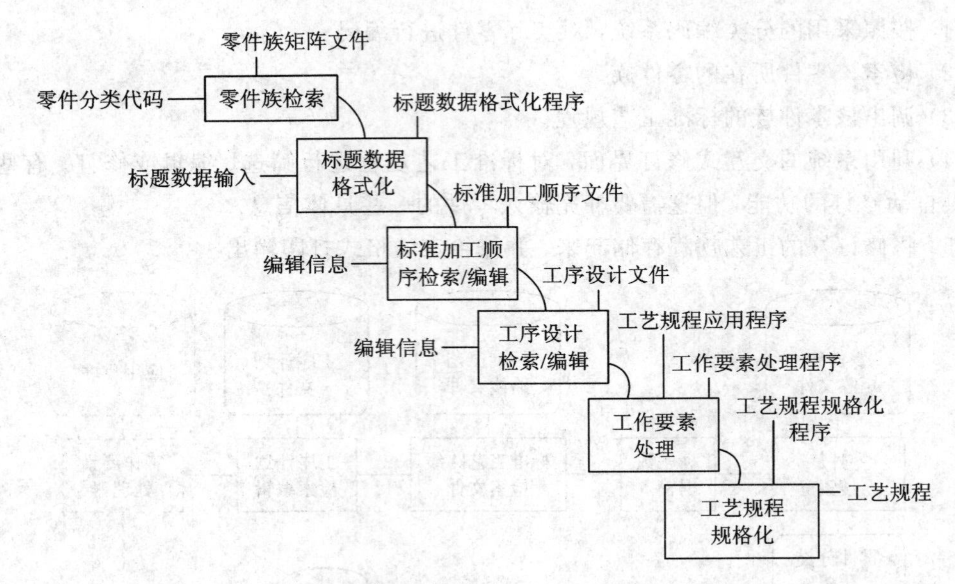

图 5-4 CAM-I系统流程图

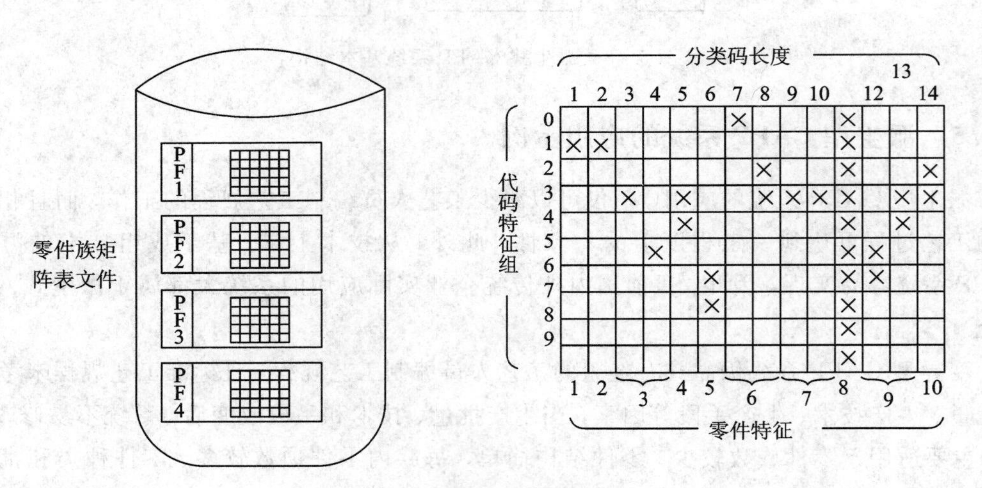

图 5-5 零件族特征矩阵

利用派生型 CAPP 系统制定零件工艺时，先要输入有关生产任务方面的信息，即工艺规程中的表头信息，如：产品型号、产品名称、零件件号、零件名称、单台产品的需要量、零件材料牌号、品种、规格、毛坯种类、尺寸、一个毛坯加工几个零件、生产批量等。用户所采用的一种工艺文件格式如表 5-1 所示。表中双格线以上部分便是表头部分。表头部分信息内容可由用户自行规定，输完表头信息后，便可调出标准工艺。标准工艺是用工序代码表示的，如表 5-2 所示，表中的标准工艺是供某精密轴套类零件加工采用的。

表 5-1　某零件工艺文件格式

零件件号 375254-1		产品 需要量	备品 数量	其他	制造 类型	工艺 装备	设计更 改代号	产品型号 C-130	交货日期 12-05-86	页 次
零件名称　轴承			工艺科工作组　04.31				工艺员　JGC　2610			

材料	按零件件号制造	镀层(×)	规格/壁厚	宽度/外径	毛坯长度	一坯几件	检验
	审核	材料名称	材料种类	合金	状态	规格	
	棒料	青铜		COMP-1	QQ-B-633	MDQ2650	

工作地编号	工序序号	工具代号	工序说明	标准工时代号 9	工时定额		检验数量	
18/63/243	010	28G	粗车端面，粗车外圆 φ12.6±0.02mm 留磨量					
			钻铰内孔 φ9.5±0.04mm 最按终长度切断					
18/01/502	020		磨外圆至 Φ12.6±0.02mm					
18/01/502	020		磨外圆至 Φ12.6±0.02mm					
18/10/665	030	MPS7302	去毛刺					
18/10/663	040	MPS7253	标识包装袋和金属标签					
18/10/663	050	MPS7253						
S7	060		检验硬度					
S7	065		检验					
070	入库							

表 5-2　某套类零件标准工艺

工序序号	工序代号	内容简介	工序序号	工序代号	内容简介
010	锯断-01	按表头规定落料	070	防护-05	涂油防锈
020	标记-07	做金属标签	080	标记-07	标识金属标签
030	检验-06	检查标记	090	标记-01	标识包装袋与标签
040	车削-03	车	100	检验-05	检验硬度
050	外磨-02	磨外圆有关部分	110	检验-09	关键零件 100%检验
060	钳工-01	手工去毛刺	120	入库	

表 5-3 是某轴承加工工艺，由于此零件属于精密轴套类零件，所以可以调用表 5-2 中的标准工艺加以编辑修改而成。

表 5-3　某轴承加工工艺

$8.1^{+0.03}_{0}$　$\phi 9.5^{+0.04}_{+0.02}$　$\phi 12.6^{+0.09}_{+0.02}$					
375154	轴承	锻造青铜棒料	φ 15.87×25.4	QQ-8-663 COMP-1	无
零件件号	零件名称	材料	尺寸	材料规格	热处理
工序序号			工序代码		
010			车削-03		
020			外磨-02		
030			钳工-01		
040			标记-01		
050			标记-01		
060			检验-05		
070			检验-12		
080			入库		

5.3　创成型 CAPP 系统

创成型 CAPP 系统就决策知识的应用形式来分，有采用常规程序实现和采用人工智能技术实现两种类型。前者工艺决策知识通过决策表、决策树或公理模型等技术来实现；后者就是工艺设计专家系统，它是用人工智能技术，综合工艺设计专家的知识和经验，进行自动推理决策。

5.3.1　创成型 CAPP 的基本原理和系统构成

创成型 CAPP 也称生成型 CAPP，其基本思路是，将人们设计工艺过程时用的决策方法转换成计算机可以处理的决策模型、算法及程序代码，从而依靠系统决策，自动生成零件的工艺规程。在创成型 CAPP 系统中，工艺规程是根据工艺数据库中的信息在没有人工干预的条件下生成的。系统在获取零件信息后，能自动地提取制造知识，产生零件所需的各个工序和加工顺序，自动地选择机床、工具、夹具、量具、切削用量和最优化的加工过程，可以通过应用决策逻辑，模拟工艺设计人员的决策过程。由于在系统运行过程中一般不需要技术性干预，对用户的工艺知识要求较低。

一个真正的创成型 CAPP 系统的要求是很高的，必须要具备以下功能：

(1) 易于识别零件并可以清楚和精确地描述；

(2) 具备相当复杂的逻辑判断能力；

(3) 具备完备统一的数据库；

(4) 具备本企业所有加工方法的专业知识和经验以及解决问题与矛盾的能力。

创成型 CAPP 系统可以克服变异型系统的固有缺点。但由于工艺过程设计的复杂性，目前尚没有系统能做到所有的工艺决策都完全自动化，一些自动化程度较高的工艺系统的某些决策仍需有一定程度的人工干预。从技术发展看，短期内也不一定能开发出功能完全、自动化程度很高的创成式系统。因此，人们把许多包含重要的决策逻辑，或者只有一部分工艺决策逻辑的 CAPP 系统也归入创成型 CAPP 系统，这就是所谓半创成式系统或综合式系统等。

5.3.2　工艺决策技术

在创成型 CAPP 系统中，系统的决策逻辑是软件的核心，它控制着程序的走向。决策逻辑可以用来确定加工方法、所用设备、工艺顺序等各环节，通常用决策树或决策表来实现。

决策树或决策表是描述或规定条件与结果相关联的方法，即用来表示“如果(条件＞那么(动作)”的决策关系，决策树或决策表表现形式不同，但原理相同，可以相互转换。在决策树中，条件被放在树的分枝处，动作则放在各分枝的节点上。在决策表中，条件被放在表的上部，动作则放在表的下部，如图 5－6 所示。

条件项目	条件状态
决策项目	决策行动

图 5－6　决策表结构

1. 决策树(Decision Tree)

在数据结构中，树属于连通而无回路的图。决策树也称判定树，它由结点和分支构成。在判定树中，常用结点表示一次测试或一个动作，得出的结论或拟采取的动作一般放在终端结点(叶子结点)上。分支连接表示两次测试。测试的条件得到满足时，则沿分支向前传递，以实现逻辑与(AND)的关系；若测试条件不满足时则转向出发结点的另一分支，以实现逻辑或(OR)的关系。所以，树根表示需要决策的项目，分支表示条件，树叶表示决策结果。由树的根结点到终端结点的一条路径可以表示一条决策规则。

如车削装夹方法选择，可能有以下的决策逻辑：

“如果工件的长径比＜4，则采用卡盘”

“如果工件的长径比＞4，而且＜16，则采用卡盘＋尾顶尖”

“如果工件的长径＞＝16，则采用顶尖＋跟刀架＋尾顶尖”

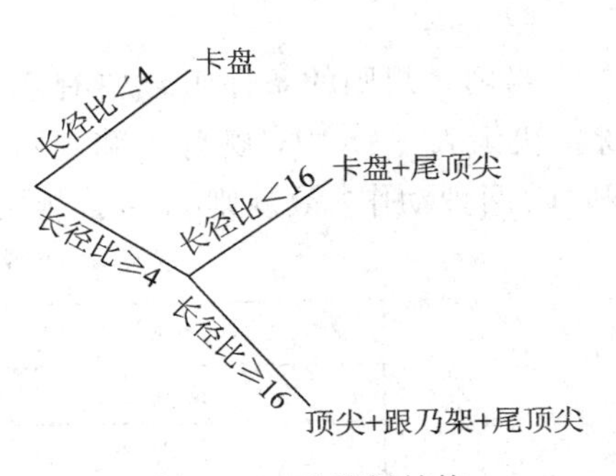

图 5－7　决策树结构

它可以用决策表或决策树表示，如图 5－6 及图 5－7所示。在决策表中，T 表示条件为真，F 表示条件为假，空格表示决策不受此条件影响。只有当满足所列全部条件时，才采取该列之动作。能用决策表表示的决策逻辑也能用决策树表示，反之亦然。而用决策表表示复杂的工程数据，或当满足多个条件而导致多个动作的场合更为合适。决策树表示简单、直观，很容易将它直接转换成逻辑流程图，并用程序设计语言中的“IF(逻辑表达式)…THEN…ELSE…”的结构实现。

2. 决策表(Decision Table)

决策表也称判定表，是表达各种事件(或属性)间复杂逻辑关系的形式化方法。

决策表由四个部分组成，依次为：条件项目、条件状态、决策项目和决策行动。决策表的左半部为文字说明(存根)，右半部为项目集，每一列代表一条决策规则。用决策表表示以上加工规则，如表5-4所示。在决策表中，T表示“真”，F表示“假”，“×”表示动作，只有当表中一列中所有条件都满足时，动作才会发生。

表5-4　决　策　表

工件长径比＜4	T	F	F
4＜工件长径比＜16		T	F
卡盘	√		
卡盘＋尾顶尖		√	
顶尖＋跟刀架＋尾顶尖			√

决策表不仅可以清晰、紧凑地表达复杂的逻辑关系及方便地检查有无遗漏与逻辑上的不一致，而且易读、易懂、修改方便，因而不仅被广泛用作软件设计、系统分析或数据处理的辅助工具，而且许多CAPP系统都采用它表示工艺决策逻辑。

3. 决策表的性能

决策树或决策表是形成决策的有效手段，由于决策规则必须包括所有可能性，所以把它们用于工艺设计时必须经过周密的研究后再确定下来。在设计一个决策表时，必须考虑其完整性、冗余度、一致性和循环等因素。

在决策表中，每一列表示一条决策规则。若一条规则的条件组合中只有“T”和“F”项，无空格，则为简单规则。若一条规则的条件组合中有一个或多个“空格”，则由于每个空格表示“T”和“F”两种情况，故称为复合规则。

1) 完整性

决策表的完整性是指决策表可以包含各种可能的组合，可用两种方法检查：

一条复合规则中若有 n 个空格，则等效有 2 n 个简单规则。

一个决策表中若有 m 个条件，则应有 2 m 条独立的简单规则。

2) 冗余性

当两条规则的条件组合中有条件互相重叠，又有同样的决策动作时，则该决策表冗余。决策表5-5中，规则A和规则B有同样的决策动作，但规则A中的条件3包含了“T”和“F”两种动作，故规则A包含规则B，规则A和规则B是冗余的。

表5-5　决策表规则

准则	A	B	C
条件1	T	T	T
条件2	T	T	T
条件3		F	
动作1	×	×	
动作2			×
动作3			×

4）一致性

若两条规则条件组合相同，却出现了不同的决策动作时，则该决策表有不一致性。如表 5-5 所示，当条件 3 为 F 时，规则 B 决策出动作 1，而规则 C 将决策出动作 2 和动作 3，出现矛盾。因此，决策表中有复合规则时，易出现冗余性和不一致的情况，要注意检查。最好先设计简单规则，再合并为复合规则。

5）循环

在建立决策表时，应注意的一个问题是死循环。如果一种动作被用来改变条件，并且重复调用该表时，就可能产生死循环。例如，加工一个圆柱形零件，技术要求是：圆柱面直径 80 mm，表面粗糙度 Ra1.6 um，尺寸公差 0.030 mm。使用表 5-6 所示的决策表，并且采用反向推理法设计时(成品—毛坯)，就会出现死循环的情况。当第一次调用该表时，规则 C 的各项条件首先得到满足。因此，精车被选为“最终工序”，并且表面粗糙度 Ra 改变为大于 1.6 μm，小于 4.5 μm。当第二次调用该表时，规则 B 被选用，所示半精车作为倒数第二步的加工方法。由于规则 B 没有选取改变表面粗糙度的动作，所以规则 B 在以后的调用中总是被选用，于是便无限次地执行下去，不会得出任何结果。

表 5-6　死循环示例

位置度>0.2 mm	T			
公差>0.25 mm	T	F	F	
4.5 μm>表面粗糙度值 Ra>1.6 μm	F	T	F	
6.4 μm>表面粗糙度值 Ra>4.5 μm	T	F	F	
表面粗糙度值 Ra>6.4 μm	F	F	F	T
粗车	×			
半精车		×		
精车			×	
4.5 μm>表面粗糙度值 Ra>1.6 μm			×	
6.4 μm>表面粗糙度值 Ra>4.5 μm				
修改后表面粗糙度值 Ra>6.4 μm	×			结束

注：零件直径 80 mm，表面粗糙度值 Ra<1.6 μm，公差<0.03 mm。

5.3.3　创成型 CAPP 系统设计和工作过程

(1) 应用创成型原理开发 CAPP 系统时，一般要做以下工作：

① 确定零件的建模方式，并考虑适应 CAD/CAM 系统集成的需要；

② 确定 CAPP 系统获取零件信息的方式；

③ 进行工艺分析和工艺知识总结；

④ 确定和建立工艺决策模型；

⑤ 建立工艺数据库；

⑥ 系统主可控模块的设计；

⑦ 人机接口设计；

⑧ 文件管理及输出模块设计。

(2) 创成型 CAPP 工作过程如图 5－8 所示。

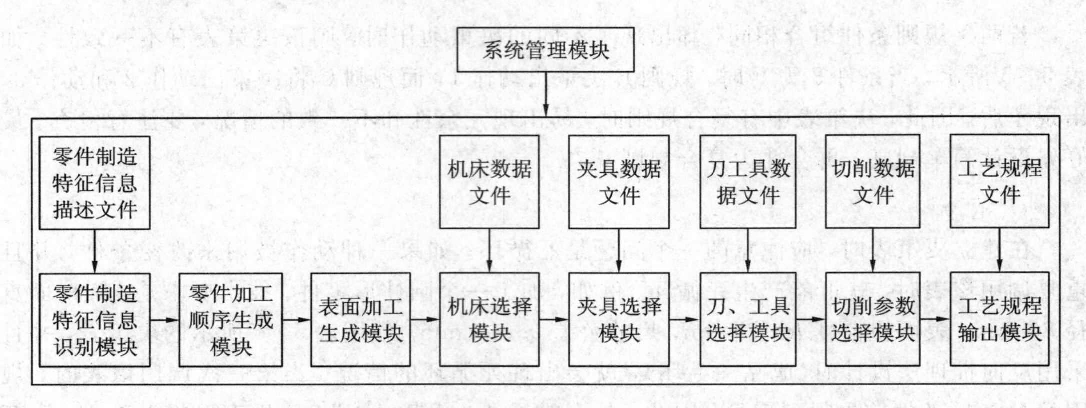

图 5－8 创成型 CAPP 系统的基本模块

图 5－8 描述了创成型 CAPP 系统的基本功能模块和工作过程。

5.3.4 创成式 CAPP 系统的特点

(1) 通过数学模型决策、逻辑推理决策等决策方式和制造资源库自动生成零件的工艺，运行时一般不需要人的技术性干预，是一种较有前途的方法。

(2) 具有较高柔性，适应范围广。创成式 CAPP 系统一般分为回转体类零件和非回转体类零件两大类。

(3) 便于 CAD/CAM 集成。

(4) 由于工艺设计的复杂性、智能性和实用性，目前尚且难以建造自动化程度很高、功能强大的创成式系统。

5.4 智能型 CAPP 系统

5.4.1 概 述

在机械产品工艺设计中，存在大量的不确定因素，早期建立在单纯依赖于成组技术基础上的 CAPP 系统，不能很好地解决这些离散知识的获取问题，只能设计出检索式或派生式系统。通过将人工智能技术附加于设计工具或计算机软件系统之中，在一定程度上可以帮助人们进行推理、求解和决策，其中最重要的问题是设计知识表达、推理、获取、更新等问题。随着人工智能技术在 CAPP 系统开发中的应用，有助于工艺人员利用产品和企业的全部数据进行工艺规划，改进工艺方案的可行性和设计效率。目前，人工智能技术已越来越广泛地应用于各种类型的 CAPP 系统之中。

1. 专家系统

专家系统由知识库、学习机和推理机三部分组成。CAPP 专家系统的引入，系统的结构由原来的以决策表、决策树等表示的决策形式，发展成为知识库和推理机相分离的决策机制，增强了 CAPP 系统的柔性。专家系统的优劣决定于知识库所拥有知识的多少、知识的合理表示与获取以及推理机制。由于工艺问题的复杂性，需要大量的知识，建立知识库的工作量较大，许多知识不便于进行计算机表达，推理方法也难以与专家本人的思路吻合，使得专家系统在实现上遇到困难。另外，现在的CAPP专家系统在系统结构与已达到的功能均存在许多问题，如现有的CAPP专家系统大都缺乏足够的数字计算功能，要使目前面向系统设计的CAPP专家系统发展为面向工艺师的可学习的CAPP智能系统等。

2. 神经网络

人工神经网络理论是一门新型高科技技术。由于它具有并行处理、分布式存储、自组织、自学习及联想记忆等特性，使它在多种领域里显示出巨大的应用前景。目前国内外专家正尝试把神经网络技术应用于CAPP研究领域，并进行探索性的研究，已有初步的成果，如用于加工方法的选择、工序顺序安排、工步的排序等。

专家系统反映智能技术中的符号主义，通过符号处理和推理机制实现人类的逻辑推理能力。CAPP专家系统主要研究知识表达及处理技术、工艺决策过程模型及算法。人工神经网络则反映智能技术中的连接主义，模拟人的大脑结构，构造人工神经元连接网络，通过训练获取知识，适合于用来实现人类的抽象思维能力。人工神经网络CAPP主要研究神经元网络的结构形式、设计学习算法和训练样本等。近来，又兴起了复合智能系统的研究，即将专家系统和人工神经网络技术结合起来，发挥各自的优势，以获得更高的智能。

3. 粗糙集

粗糙集(Rough Set，RS)理论是一种擅长处理含糊和不确定问题的数学工具，在理论中“知识”被认为是一种对对象的分类能力，在人工智能方法中RS理论由于自身的优势，经常被应用于规则生成和数据分类，在CAPP中，可以利用RS理论，构建专家系统，对知识进行获取及优化，目前已成功地利用数据约简抽取出规则，并利用这些规则，进行加工工艺的自动生成。利用RS理论进行智能化计算，知识的表示非常重要，应用中大多将各种零件的加工特征和已知加工方法表达成条件属性和决策属性，构成一个信息表，采用一定的约简算法对属性集和属性值进行约简，得到决策规则集，用这种方法生成的加工工艺依赖于已有的知识，而对于未知加工方法的特征，则不能自动推理生成，因此造成自动化应用不广泛。

4. 遗传算法

遗传算法(Genetic Algorithm)是模拟达尔文遗传选择和自然淘汰生物进化过程的计算模型，是一种通过模拟自然进化过程搜索最优解的方法。在CAPP系统中，遗传算法的主要作用是用于工艺优化，通过对特征进行二进制编码，利用交叉和变异来进行最优加工工艺工序的生成，遗传算法的引入使得CAPP系统具备一定的推理能力，在加工工艺工序排序优化上有成功的应用。遗传算法在CAPP系统应用中的不足之处主要是对于初始特征需要进行二进制编码，这对于复杂的工艺，是一项繁杂的工作，因此这也限制了其在CAPP中的应用范围。

5. 多代理系统

代理(Agent)是一种体现智力状态的实体，具有自治性、开放性、反应性、主动性等特征。多代理系统(MAS)由多个Agent组成，在MAS中，每一个代理只解决问题的一个部分，各代理按照事先约定的协议进行通信和协作，共同解决复杂的问题。这样将充分利用整个系统的知识资源，可以克服单个专家系统知识库的单一性、有利于求解复杂的涉及多个领域的多层次的推理问题，同时利用推理的分布性，大大提高了系统的并行性和运行效率。MAS除了具有个体Agent的基本特性外，还具有社会性、自主性、协作性、开放性等特征。由于MAS具有分布式并行处理、自主性、动态适应性以及易维护性等特点，因此非常适合用于现代集成制造系统环境下的CAPP系统。

此外，智能化CAPP系统开发中还有模糊推理方法。集合论在工程领域的应用非常活跃，它具有描述不精确知识的能力，可用于CAPP中知识的模糊表达、工艺知识复用、工艺方案的模糊评判、特征归类等。

由于工艺设计是一个复杂的智能过程，是特征技术、逻辑决策、组合最优化等多种过程的复合体，用单一的数学模型很难实现其所有功能。人们通过各种智能技术的综合运用，进一步推动CAPP向智能化方向发展。例如，人工神经网络具有知觉形象思维的特性，而模糊推理具有逻辑思维的特性，将这些方法相互渗透和结合，可起到互补的作用。所以，CAPP的发展方向是建立在专家系统上的、基于知识的工艺决策体系与组合优化过程的有机结合。

5.4.2　智能化CAPP体系与结构

图5-9是具有一定智能化的CAPP系统示意图。作为工艺设计专家系统，其知识库由零件信息规则集组成，推理机是系统工艺决策的核心，它以知识库为基础，通过推理决策，得出工艺设计结果。

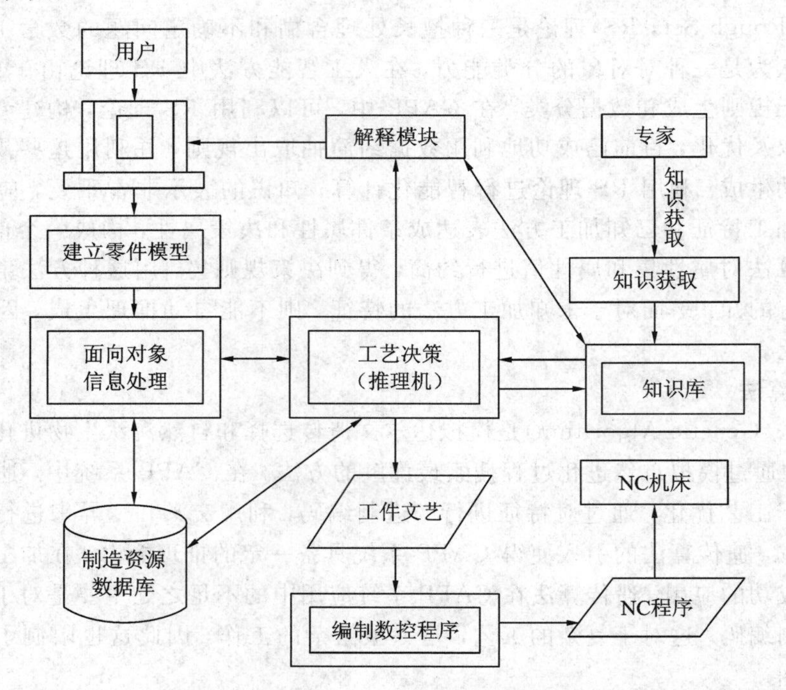

图5-9　智能化CAPP体系与结构

系统各模块的功能如下：

(1) 建立零件信息模型模块。它采用人机对话方式收集和整理零件的几何拓扑信息及工艺信息并以框架形式表示。

(2) 框架信息处理模块处理所有用框架描述的工艺知识，包括内容修改、存取等，它起到推理机和外部数据信息接口的作用。

(3) 工艺决策模块即推理机，它以知识集为基础，作用于动态数据库，给出各种工艺决策。

(4) 知识库是用产生式规则表示的工艺决策知识集。

(5) 数控编程模块为在数控机床上的加工工序或工步编制数控加工控制指令。

(6) 解释模块是系统与用户的接口，解释各种决策过程。

(7) 知识获取模块通过向用户提问或通过系统的不断应用，来不断扩充和完善知识库。

5.4.3 智能型 CAPP 系统实例

文献[16]介绍了一种基于 MAS 的智能 CAPP 系统体系结构，研究了它的工作机理和工艺规划方法，并基于 BP 神经网络和相关法实现加工资源的动态选择，产生满足车间生产条件的工艺。系统将复杂的工艺计划问题分解为一系列子问题，然后把每一个子问题交给一个代理解决，各个代理协同工作，最后通过集成每个代理产生的子问题的解决方案构成一个对复杂工艺计划问题的完整解决方案，如图 5-10 所示。

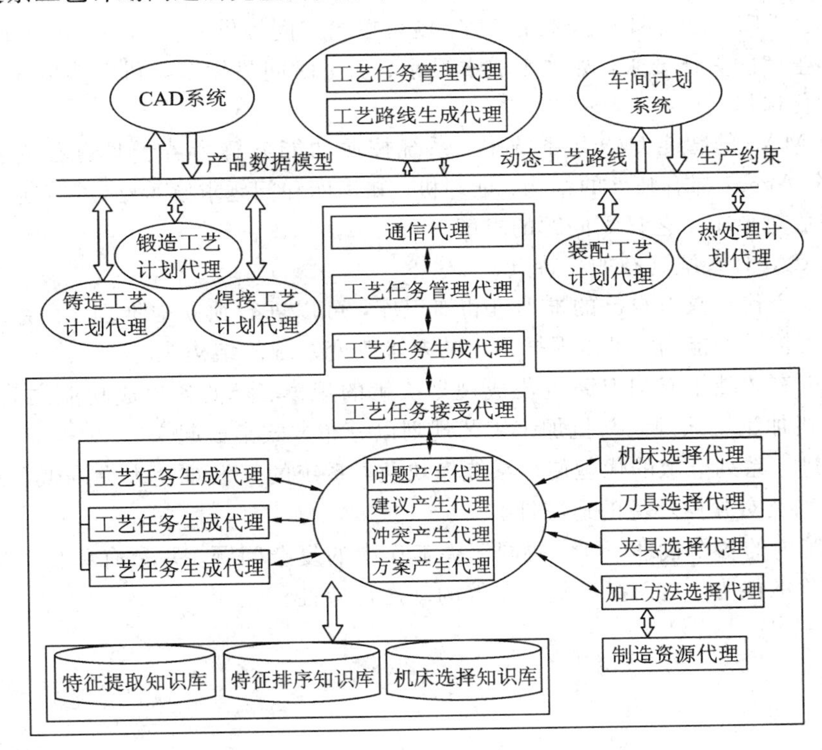

图 5-10　基于 MAS 的智能 CAPP 体系

系统产生的工艺计划包括两部分内容：静态工艺计划信息，例如加工特征、特征优先关系、公差、表面精度、加工方法等；动态工艺计划信息，它是考虑车间状态变化以及有限资源能力而产生的工艺计划信息，例如机床选择、刀具选择、夹具选择、加工方法排序信息等。

在产生静态工艺计划的过程中，首先由加工特征提取代理从 CAD 系统得到零件的特征信息并确定零件的所有加工特征，这些属性被用于确定特征加工时需要的加工方法、机床、刀具、夹具等。第二步由特征排序代理根据各种特征优先关系的约束条件，确定特征的优先关系。然后由加工方法选择代理进行加工方法的选择，在这个过程中由于加工特征和加工方法之间存在一对多的关系，因此可以产生多条工艺路线。

动态工艺计划信息分别由机床选择代理、刀具选择代理、夹具选择代理和加工方法排序代理完成。为了保证 CAPP 系统具有动态、自适应的能力，必须实现加工资源的动态决策。

资源选择问题与机床的加工能力有关。根据车间状态，机床选择代理为每一个加工特征选择加工机床。在 CAPP 资源决策过程中，必须首先确定加工某类零件需要的机床加工能力，然后根据车间计划系统反馈的加工资源实际情况，确定车间中满足加工能力的机床，最后根据机床实时状态，计算车间可用机床的优先指标，利用优先指标表示机床被选择加工某一给定特征的优先级。

基于 BP 神经网络，利用机床选择专家知识和车间实际加工数据对神经网络进行反复训练，使其能够正确输出机床能力需求。然后根据得到的机床能力需求以及机床列表、排队时间和装夹时间等在线因素，通过优先指标矩阵，确定适合加工某一特征的每一个机床的优先指标。机床、刀具和夹具选择以后，就可以给车间提供一个动态、柔性的工艺计划，然后再根据生产的具体要求，如加工成本最小、加工时间最短等，利用遗传算法等对工艺路线进行优化选择。

在基于 MAS 的智能 CAPP 系统中，系统按照功能分解为若干具有独立功能的单一 Agent，每个 Agent 都有独立的结构、推理机、知识库和问题求解策略，它们通过一定的合作和协调完成对整个工艺计划问题的求解。

该智能 CAPP 系统具有如下特点：

(1) 每一个代理具有自己的推理机和知识库，可以进行独立地推理，在系统结构上具有可重构、可扩展的能力，可以根据用户的要求改变系统的结构。

(2) 可以有效减小 CAPP 系统集成规划决策的规模、降低各集成功能之间的耦合性，有利于将非机加工工艺规划与机加工工艺规划以分布方式集成起来。

(3) 通过一系列分散的代理使得系统模块化，系统的开发难度大大降低，并加强了系统的分布性以及对异构环境的适应性。

(4) 系统内的各个代理，可以协同解决工作中的复杂问题，并具有和相关应用系统集成并协同运作的能力，从而提高整个系统的动态适应性。

第6章 CAPP 实例

6.1 交互型 CAPP 系统的概述

交互型 CAPP 系统是根据不同类型工艺的需求，编制一个人机交互软件系统。在工艺设计时，工艺设计人员根据屏幕上的提示，进行人机交互操作，操作人员在系统的提示引导下，回答工艺设计中的问题，对工艺进程进行决策及输入相应的内容，形成所需的工艺规程。因此，交互型 CAPP 系统的工艺规程设计的质量对人的依赖性很大，且因人而异，因而一个实用的交互型 CAPP 系统必须具有下列条件：

(1) 具有支持工艺决策、工艺参数选择功能的基于企业资源的工艺数据库，它由工艺术语库、机床设备库，刀具库、夹具库、量具库、材料库、切削参数库、工时定额库等组成。

(2) 具有一个友好的人机界面，并具备下列特点和功能：

① 实时、快速响应；

② 整个系统的组成结构要清晰；

③ 界面布置合理，方便操作；

④ 用户记忆量最小；

⑤ 图文配合适当。

(3) 具有纠错、提示、引导和帮助功能。

(4) 数据查询与设计程序能方便地进行切换，查询所得数据能自动地插入设计所需地点。

(5) 能方便地获取零件信息及工艺信息。

(6) 能方便地与通用图形系统链接，获取或绘制毛坯图及工序图。

6.2 交互型 CAPP 系统的结构

6.2.1 交互型 CAPP 系统的体系结构

交互型 CAPP 系统的总体结构如图 6-1 所示。

1. 零件信息检索

工艺人员在编制零件工艺时，首先就要进行零件信息检索。在工艺人员输入零件图号后，系统将检索零件信息数据库，并将检索出的零件信息显示出来，工艺人员可以编辑零件信息，也可以交互式输入该零件的加工工艺。如果没有检索到该零件，表示该零件信息没有建立，系统会给出提示。

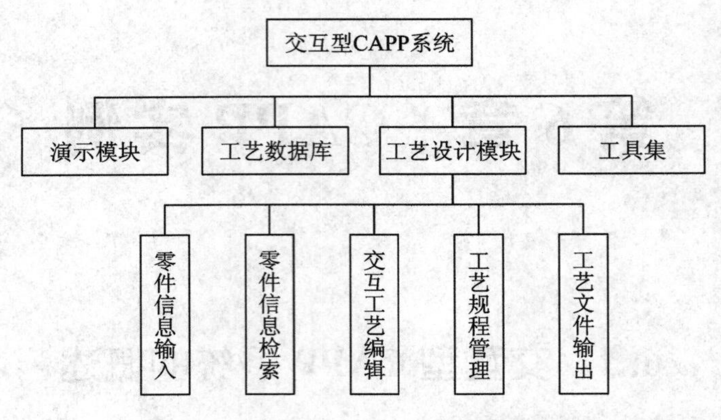

图 6-1　交互性 CAPP 系统的总体结图

2. 零件信息输入

向工艺人员提供一个交互输入零件信息的窗口。工艺人员根据零件的具体情况，输入诸如零件图号、零件名称、工艺路线号、产品和部件编号、材料牌号、毛坯类型、毛坯尺寸和设计者等基本信息。

3. 交互式工艺编辑

向工艺人员提供一个交互输入工艺内容和工步内容的窗口。工艺人员可以很方便地添加、删除、插入和移动工序。在工艺编辑过程中，工艺人员还可以方便地查询各种工艺数据，如机床、刀具、量具、工装和工艺参数等。

4. 工艺流程管理

一个完整的工艺规程制订过程，应包含一个对制订工艺规程的过程进行管理的过程。

5. 工艺文件输出

系统主要输出两种工艺文件，即工艺卡和工序卡。

6. CAPP 相关工具

CAPP 包括工艺数据及管理系统，计算机辅助编码系统和工艺尺寸链计算等工具。交互型 CAPP 系统的工作流程如图 6-2 所示。

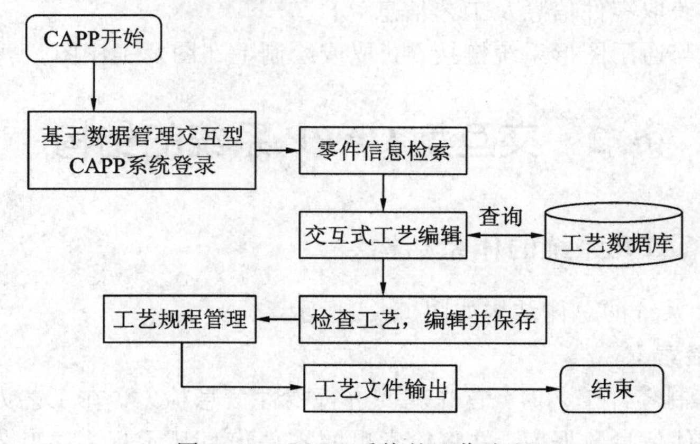

图 6-2　CAPP 系统的工作流程

6.2.2　交互型 CAPP 系统的数据结构

在工艺设计过程中，需要系统提供的数据信息有：

(1) 零件信息，存放零件的基本信息，如零件图号、零件名称、工艺路线号、产品编号、部件编号、材料牌号、件数、毛坯类型和设计者等信息。

(2) 工艺信息，存放工序的基本内容，如工艺路线号、工序代号、工序名称、工序描述、切削参数、工时和设备、工装等信息。

(3) 工步信息，工步是对工序内容更为详细的描述，它包括工步代号、工步内容、工艺路线号、切削参数、工时和设备、工装等信息。

(4) 表尾信息，主要用来存放工艺文件的表尾信息，如编制、审核、会签、批准及其相关的时间等数据。

(5) 用户信息，用来存放用户的基本信息，如用户代码、名称等。

(6) 用户自定义数据库，其内容根据企业实际资源及工艺设计的要求来定，一般包括工艺术语库、机床库、刀具库、量具库等。

对零件的信息而言，零件图号是关键字，它是唯一的，用户只要给出零件图号，系统就可以检索到该零件的零件信息，并显示给用户。

6.3　交互型 CAPP 系统的具体实现

6.3.1　交互型 CAPP 系统的界面设计

1. 用户登录界面设计

登录输入密码，验证正确后进入，如图 6-3 所示。

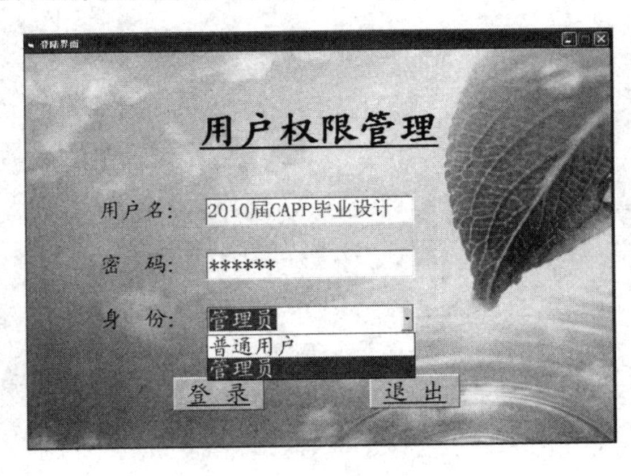

图 6-3　登录界面

2. 主界面设计

1) 菜单设计

菜单(Menu)是 Windows 窗口的标准构件，Visual Basic 允许为程序中每个窗体创建一个独立的菜单系统。菜单是窗口应用程序不可缺少的组成部分，它虽然不像图形工具栏那样一目了然，但是它可以把程序中所有的功能完整地表示出来。

2) 菜单编辑器

菜单是 VB 中唯一不在工具箱中的“控件”，利用 VB 提供的菜单编辑器，能够很方便地建立程序的菜单系统。打开菜单编辑器的方法是：打开窗体窗口，从主窗口的菜单“工具”菜单中选择“菜单编辑器”命令，或者从“工具栏”中选择“菜单编辑器按钮”，此时会弹出图 6-4 所示的窗口。进入主界面，如图 6-5 所示。

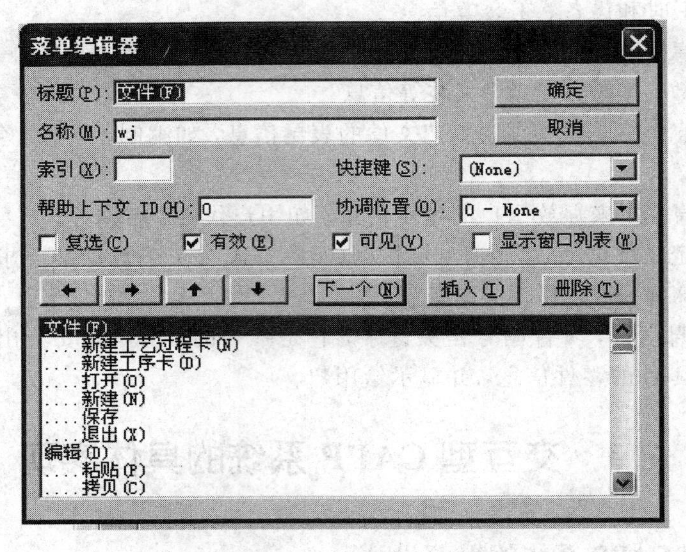

图 6-4　菜单编辑器

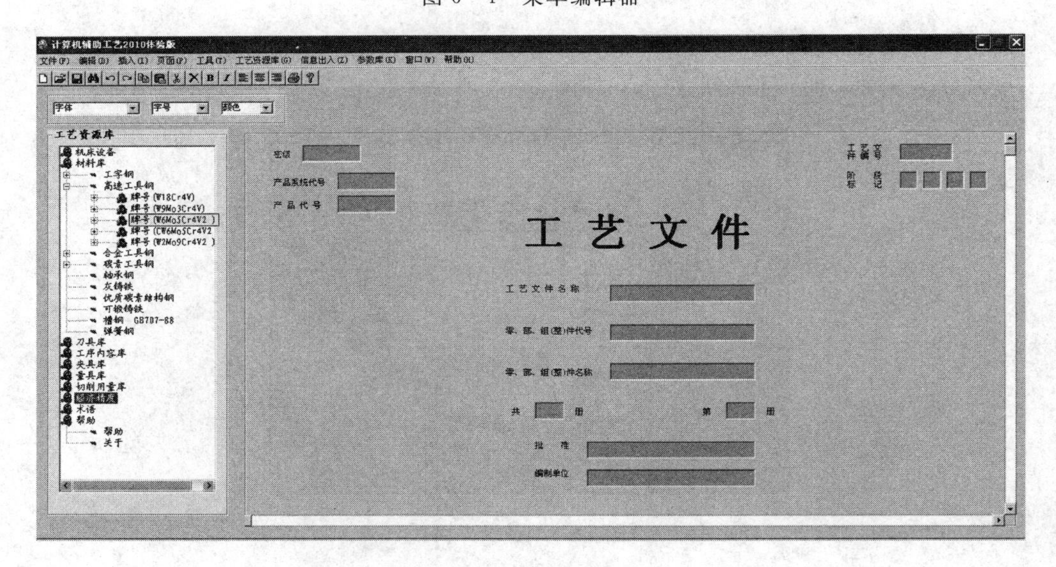

图 6-5　主界面

从图 6-4 中我们可以看到“菜单编辑器”窗口分上、中、下三个部分。上面部分称为属性设置区，用来设置菜单项的属性。中间部分称为编辑区，有七个按钮，用来对输入的菜单项进行简单的编辑。下面部分是菜单项的显示区，输入的菜单项在此处显示出来。

在菜单编辑器的属性设置区设置菜单项的属性和快捷键。

• Caption 属性："标题(P)"框中设置菜单对象的 Caption 属性值，即显示在菜单上的文字。

• Index 属性："名称(M)"框中设置对象的名称，对象名称不能省略。名称可以是简单的菜单项名称，也可以是菜单项数组(即控件数组)名称。如果指定的名称是菜单数组，还应利用"索引(X)"(Index 属性)指定该控件数组中的下标，反之，如果设置 Index 值不等于 0，则此菜单称为菜单数组元素。名称是菜单对象的唯一标识，同一窗体模块中不能有同名的菜单对象，命名要符合对象的命名规则。

• Checked 属性："复选"框，用于设置菜单项的 Checked 属性，选中此框，在设计的菜单项前面标记对号。

• Enabled 属性："有效"框，用于设置菜单项的 Enabled 属性，缺省选中，表示有效。

• Visible 属性："可见"框，用于设置菜单的 Visible 属性，缺省选中，表示可见。

• 快捷键设置：如果需要为菜单项设置快捷键，则应从"快捷键(S)"的下拉列表框中选择系统提供的、可用的快捷键组合。

3. 菜单设计步骤

建立第一个主菜单：用户在"标题(P)"框中输入内容，如"文件(F)"，在下窗口(菜单项显示区)顶部点亮的第一行上同步显示刚输入的内容；然后在"名称"框内输入名称，单击"下一个"按钮，建立第二个菜单项，和建立第一个主菜单项的方法相同，如标题框中键入"编辑"，名称框中键入"mnuEdit"。

菜单编辑器编辑区的七个按钮分别用于菜单项缩进(左右箭头)，改变菜单项级别，调整菜单项的顺序(上下箭头)，向下移动编辑位置(下一个)以及插入和删除菜单项。

建立主菜单项的子菜单。例如建立"文件"菜单的子菜单的具体操作如下：

(1) 首先将菜单显示区中的第二个主菜单项"编辑"选中(即用光标单击第二行的主菜单项)。

(2) 然后单击编辑区中的"插入"按钮，这时"编辑"前插入了一个"点亮"的空行。

(3) 单击编辑区中向右的箭头按钮，加入四个点，菜单项缩进，表示它是从属于"文件"的子菜单项。

(4) 单击"标题(P)"框，并在其中输入第一个子菜单项的标题"保存"。

(5) 单击"名称(M)"框，并在其中输入第一个子菜单项的名字"mnuFileSave"。

四个点表示内缩符号，为第一级子菜单，如果单击向右的箭头按钮两次，就会出现两个内缩符号(八个点)，为第二级菜单，以此类推。单击向左的箭头按钮，删除一个内缩符号。

6.3.2　交互型 CAPP 系统的模型树设计

向窗体中添加一个 Frame 控件，在它上添加一个 TextBox 文本框和一个按钮；向窗体中添加一个 CommandButton，其属性中的 Caption 设置为"》"，向窗体中添加一个 TreeView和一个 ListView，如图 6-6 所示。我们开始准备建立模型树，但模型树程序复杂，我们无法攻克技术问题，不能实现其功能。

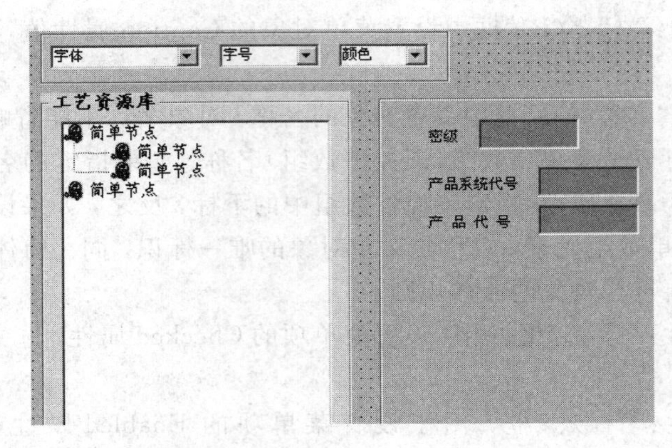

图 6-6 窗体中添加 TreeView 和 ListView

6.3.3 交互型 CAPP 系统工艺流程管理

该模块向工艺人员提供一个交互工艺内容和工步内容的窗口。工艺人员可以很方便地添加、删除、插入和移动工序。在工艺编辑过程中，工艺人员还可以很方便地查询各种工艺数据，如机床、刀具、量具、工装和工艺参数等。图 6-7 所示为过程卡片。

过程卡片

工艺过程卡片		零件名称			产品型号		第		页
零件编码		材料		毛坯	零件图号		共		页
零件族号	件数	批量		套数	打印日期		卡编号		

工序号	工序名称	工序内容	车间	设备	工艺装备			工时
					刀具	夹具	量具	
0								
5								
10								
15								
20								
25								
30								
35								
40								
45								
50								
55								
60								

标记	文件号	装备	日期	签字	日期	校对	日期	审查	日期

生成工序卡　保存　退出

图 6-7 过程卡片

一个完整的工艺规程制定过程，应该要有一个完整的工艺规程的数据管理和过程管理的文件或流程对其进行管理。在本系统中，工艺设计过程管理分为 4 个步骤，即审核、标准化、会签和批准。

本次交互型 CAPP 系统的数据管理开发也将完善这几部分。虽然能力有限，但我们将向更好的方向去制作它、完善它，为后续开发打好基础。

6.3.4　交互型 CAPP 系统数据库制作——添加控件

添加控件的方法是在 Visual Basic 集成开发环境的菜单中选择"工程"菜单中的"控件"命令，出现一个如图 6-8 所示的对话框。在所需控件之前的方框内标记"对号"，再单击"确定"按钮，将选中的控件添加到工具箱中。

图 6-9 所示的是从部件中添加了"Microsoft DataGrid Control 6.0(OLE DB)"之后工具箱的外观。

图 6-8　控件对话框

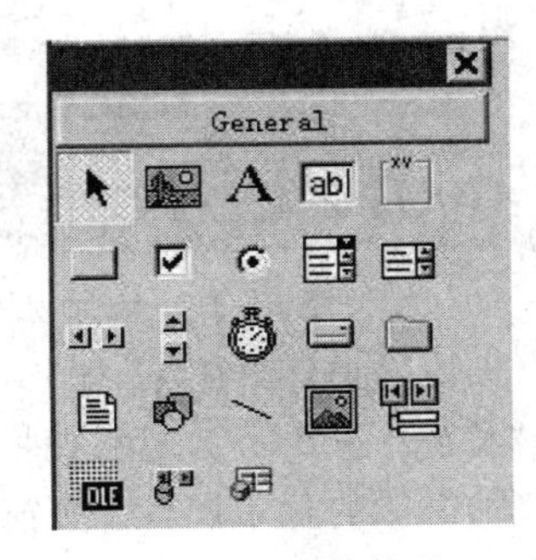

图 6-9　工具箱外观

6.3.5　机械加工工艺卡片制作过程

1. 目标和要求

目标：运用成熟的 VB 编程方法，将机械加工工艺卡片上的内容转换成本次软件设计所需的电子工艺卡片。

要求：运用 VB 程序，全面、准确、详细地将机械加工工艺卡片上的内容展现出来。

2. 设计过程

1）思路

① 运用 VB 中的各种控件及命令按钮编辑出适合本次 CAPP 设计要求的机械加工工艺卡片及机械加工工艺过程卡片。

② 编辑各控件及命令按钮所需的程序。

③ 在工艺卡片中输入标准件的相关数据及插图。

④ 调试程序。

⑤ 与总系统数据相连接加载至总软件工程之中。

2）设计步骤

(1) 机械工艺过程卡、加工工艺卡中窗体的设计。在 VB 中每创建一个新文件，自动会生成一个新窗体，如果想在本窗体的基础上再添加一个窗体，方法步骤如下：

① 选择工程/添加窗体命令，弹出窗口，如图 6-10 所示。

② 选择需要的窗体，然后点击“打开”按钮，用这种方法添加窗体，结果可以在“工程”窗口中看到，如图 6-11 所示。

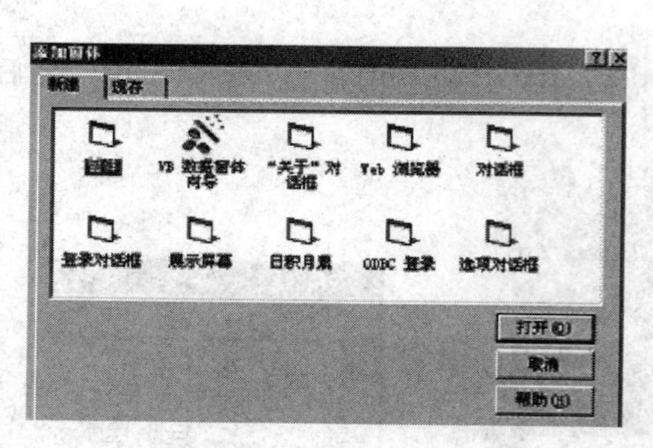

图 6-10　添加窗体

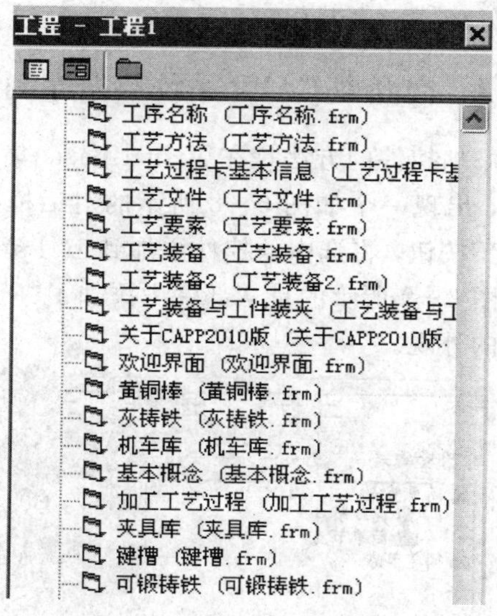

图 6-11　添加窗体后的界面

③ 清除窗体。在“工程”窗口中选中欲被清除的窗体，单击鼠标右键，在弹出的菜单中选择“移除……”命令。用这种方法可移除窗体，如图 6-12 所示。

④ 窗体的显示属性。多窗口文件，往往是启动时打开主窗口，通过一些命令再打开其他窗口，选择“工程/工程属性”菜单命令，在弹出的窗口中找到“启动对象”，如齿轮的启动窗体为 Form1，而陀螺壳体的“启动对象”为 Form00，如图 6-13 所示。

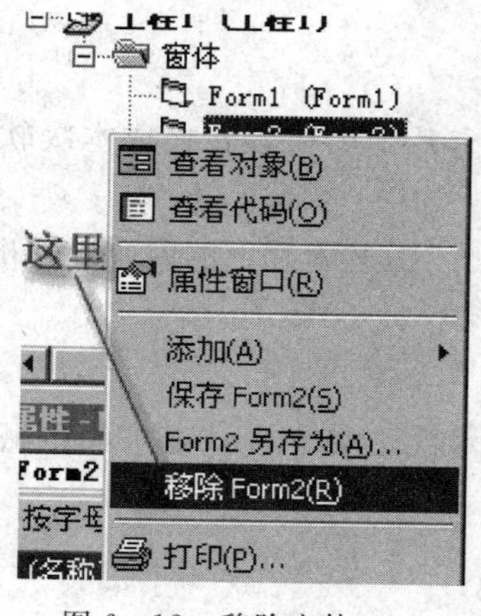

图 6-12　移除窗体

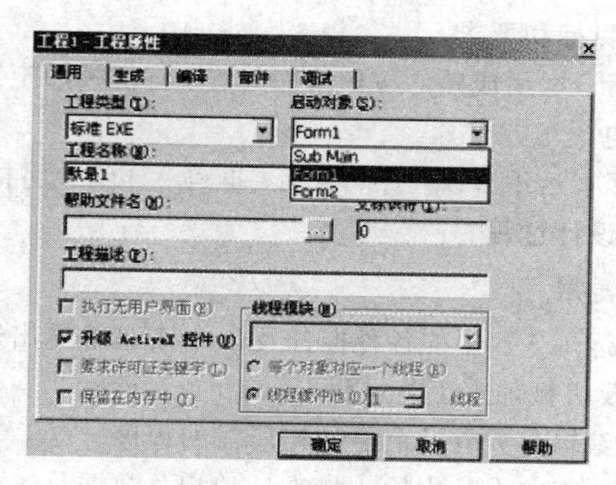

图 6-13　调用窗体

(2) 机械工艺过程卡、加工工艺卡中命令按钮的设计：

① 在 Visual Basic 操作界面中，加载 CommandButton(命令按钮)控件。

② 设置 Caption(标题)属性。Caption 属性用来显示控件标题的属性。CommandButton 控件在程序中主要作为按钮进行使用。默认的名称为 CommandX(X 为 1、2、3 等)，命名规则为

CmdX(X 为我们可以自定义其名字，如 Cmd1、Cmd2 等)。然后改变其 caption 属性，将 CommandX(X 为 1、2、3，4，5，6)的名称依次命名为返回、上一步、下一步、保存、退出、打印。

③ 创建事件过程。Visual Basic 应用程序的代码被分为称为过程的小的代码块。事件过程，正如此处正要创建的一样，包含了事件发生(例如单击按钮)时要执行的代码。

两个命令按钮，按钮一(CmdEnable)初始状态为可用，按钮二(CmdFalse)初始状态为不可用。点击按钮一，按钮二变为可用，按钮一变为不可用；点击按钮二，按钮一变为可用，按钮二变为不可用。这个属性可以简单地改变命令按钮的可用与不可用。

(3) 机械工艺过程卡、加工工艺卡中文本框的设计。

创建的过程卡片窗体如图 6－14 所示，其创建过程可以使用文本框在窗体上直接画出，大小与对齐方式都可在属性窗口直接设置，相同方法创建的工序卡片，如图 6－15 所示。

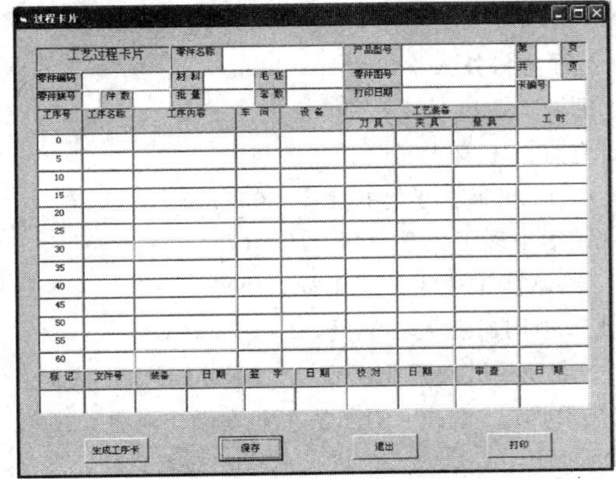

图 6－14　过程卡片的窗体

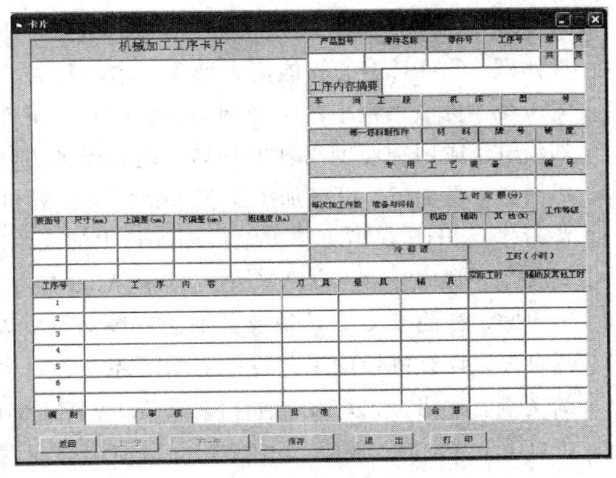

图 6－15　工序卡片窗体

(4) 机械加工工艺卡片中图片框的设计。

① 在工序卡上编辑一个图片框控件。

② 在空图片框中添加图片，选择所需的图片并添加。

参考文献

[1] 赵良才. 计算机辅助工艺设计- CAPP 系统设计[M]. 北京：机械工业出版社，2003.
[2] 许香穗，蔡建国. 成组技术第 2 版[M]. 北京：机械工业出版社，1990.
[3] 王先逵. 计算机辅助制造[M]. 北京：清华大学出版社，2008.
[4] 李培根，张洁. 敏捷化智能制造系统的重构与控制[M]. 北京：机械工业出版社，2003.
[5] 赵汝嘉，孙波. 计算机辅助工艺设计(CAPP) [M]. 北京：机械工业出版社，2003.
[6] 张振明. 现代 CAPP 技术与应用[M]. 西安：西北工业大学出版社，2003.
[7] 杜裴，黄乃康. 计算机辅助工艺过程设计原理[M]. 北京：北京航空航天大学出版社，1990.
[8] 武美萍，翟建军，廖文和. 数控加工切削参数优化研究[J]. 中国机械工程. 2004，15(3) .
[9] 秦建华，李智. 改进型粒子群算法在数控加工切削参数优化中的应用[J]. 组合机床与自动化加工技术，2005.(5).
[10] 肖伟跃. CAPP 中的智能信息处理技术[M] . 合肥：国防科技大学出版社，2002.
[11] 谢庆生. 机械工程中的神经网络方法[M] . 北京：机械工业出版社，2003.
[12] 刘淑红. 应用神经网络辅助计算工时定额的方法研究[J] . 机床与液压. 2007(1).
[13] 焦爱胜，易湘斌. 机械加工工艺方案的可拓评价研究[J] 机械科学与技术，2009(11).
[14] 曹希彬. AHP 在多工艺方案模糊评价中的应用[J] . 华中理工大学学报，1999(7).
[15] 刘文剑，常伟. CAD/CAM 集成技术[M]. 哈尔滨：哈尔滨工业大学出版社，2000.
[16] 王忠宾. 智能 CAPP 系统及其加工资源动态决策[J] . 中国矿业大学学报，2006，35(3)
[17] 赵良才. 计算机辅助工艺设计 CAPP 系统设计[M]. 北京：机械工业出版社，2005(2).
[18] 刘文剑，常伟，金天国，柏合民. CAD/CAM 集成技术[M]. 北京：哈尔滨工业大学出版社，2000.
[19] 张红军，王虹编. VB6.0 中文版高级应用与开发技术指南[M]. 北京：人民邮电出版社，2003.
[20] 卢毅编. VB6.0 数据库设计实例导航[M]. 北京：科学出版社，2001.
[21] 林幕新. Visual Basic 6.0 实例教程[M]. 北京：电子工业出版社，2008.
[22] 孙志挥，陈伟达，丁莲. 计算机集成制造技术[M]. 南京：东南大学出版社，1997.
[23] 屠力，王耀. CAPP 系统开发现状和发展趋势[M]. 北京：机电工程技术，2001(4).
[24] 田文生. 实现 CAPP/PPS 集成的动态 CAPP 系统的研究[M]. 北京：中国机械工程. 1996(7).
[25] 崔庆泉. 工具型 CAPP 系统的研究和开发[D]. 东南大学硕士学位论文. 2002(3).
[26] 曹青，邱李华. Visual Basic 程序设计教程[M]. 北京：机械工业出版社，2002.
[27] 唐照明. 计算机辅助设计[M]. 北京：机械工业出版社，1994.
[28] 刘文剑，常伟，金天国. CAD/CAM 集成技术[M]. 哈尔滨：哈尔滨工业大学出版社. 2001(1).
[29] 王听讲. Visual Basic 6.0 多媒体开发实例[M]. 北京：机械工业出版社. 2000(1).
[30] 康博. Visual Basic 6.0 中文版高级应用与开发指南[M]. 北京：电子工业出版社，1999(10).
[31] 焦爱胜，刘立美. 数控铣床主传动系统动态设计[J]. 兰州工业高等专科学校学报，2009(3):29 - 31.
[32] 焦爱胜，易湘斌，谢娟文. 基于成组技术的数据型 CAPP 研究[J]. 兰州工业高等专科学校学报，2009，(6)：6 - 9.
[33] 焦爱胜，严慧萍，刘立美. 复杂断截面成形刀具的 CAPP 研究[J]. 机械工程师，2009(1):31 - 38.
[34] 焦爱胜，易湘斌，王殿伟. 复杂产品概念设计方案的可拓决策模型[J]. 机械工程师，2009，(6):91 - 93.